第 4 單元

基礎
金屬工藝

楊彩玲　老師

楊彩玲，為台灣知名金屬工藝、珠寶設計、文化創意的權威性藝術家，致力於金屬工藝與東方人文底蘊的研究與發展。具 20 多年的設計與藝術之專業教學與創作經驗，在金屬工藝上成就輝煌，其獨創之工藝文學創作理念與金屬編織技法，屢獲國內外藝術大獎之肯定。曾榮獲台灣省美展工藝類第一名、國家工藝獎、法國羅浮宮東西方國際藝術展最佳創意獎、盛妝亞洲文化創意獎等殊榮。目前任教於國立高雄第一科技大學、並擔任台灣珠寶金工創作協會理事長。

司長序

　　技職教育係以實務教學與實作能力之培養為核心價值，相較於普通教育，「務實致用」是技職教育的最大特色。技職人才之培育，不僅是各領域實作技術之傳承與精進，更肩負起帶動產業朝向創新發展的重責大任，因此，奠定專業實作能力與創新能力，是彰顯技職教育價值的關鍵。

　　為因應世界潮流趨勢，並發展學校特色，國立高雄第一科技大學於2010年提出非常具有前瞻性的校務發展目標：轉型為「創業型大學」，可謂是國內推動創新創業教育的技職先鋒，也獲教育部指定為「創新自造教育南部大學基地」，成果卓越，備受肯定。在傳統重視升學的教育體制下，學生的創意及實作能力漸被忽略，導致創新能力普遍不足，感謝國立高雄第一科技大學當火車頭，引領創新創業風潮，重視學生創意思維、獨立思考及跨域學習，鼓勵學生動手做、試錯、實踐創意，充分發揮創客(Maker)精神，正好符應教育部「從做中學」及「務實致用」之技職教育定位，以及推動大專校院知識產業化的政策方向。

　　隨著創意、創新、創業及創客之四創教育風潮興起，相關教材使用需求大增，國立高雄第一科技大學是推動四創教育的技職標竿學校，除了提供學生完善的學習機制與環境，近年來更陸續出版多本實用的相關教材，並秉持分享交流精神，對各大專校院推動創新創業教育貢獻良多。今該校教師合力編著《創意實作》，將動手實作的精神融入課程及日常生活中，且透過一本書就能學會9種技能，並了解國內外創客趨勢與介紹，實是跨領域教學及學習的最佳入門書籍，值得各界大力推廣，希望以達成人人都是Maker為目標，帶動國內產業創新與經濟的蓬勃發展。

蔡英文總統曾表示「技職教育應該是主流教育，推崇職人是一項值得發揚的傳統，而技職教育的實力，就是台灣的競爭力」。期許未來技職教育所培育之學生，能同時具備實作力、創新力及就業力，成為產業發展的重要支柱，及國家未來經濟發展、技術傳承與產業創新之重要推力。

教育部技職司

司長 楊玉惠 謹識

2018 年 1 月

校長序

「創客」（Maker）一詞，近幾年在全球迅速崛起，創客教育更是目前最夯的教育議題，國際競爭力不再僅是技術間的相互競技，而是取決於能產出多少創新能量。想要培養創新能力，第一步就要從校園扎根做起，透過翻轉教學，培育學生主動思考、發掘問題的能力；更重要的是，鼓勵動手實作，並從失敗中汲取成功元素，充分發揮 Maker 精神。

本校自 2010 年轉型為全國第一所創業型大學，致力於培養學生的創新力、實作力、跨域力及就業力，不僅於 2015 年興建完成「創夢工場」、2016 年興建完成「創客基地」，獲教育部指定為「創新自造教育南部大學基地」，成為南台灣創業教育智庫，並於 2016 年得到國際 FabLab (Fabrication Laboratory) 全球 Maker 組織認證，全國僅本校與臺北科技大學兩所大學獲得該認證。同時，也與 180 餘所各級學校及教育局處和民間創客基地代表，於 2016 年簽署「創客教育策略聯盟」，希望能帶動南部自造運動的發展，培養新世代的自造者人才。

為提供完整的創意、創新、創業與創客四創教育，本校除開設「創意與創新學分學程」及「創新與創業學分學程」，並於 104 學年度率全國之先，首將「創意與創新」列為全校共同必修課程。「工欲善其事，必先利其器」，為因應四創教育之教學需求，本校自 2011 年起陸續出版相關教材，包括《創新與創業》、《創業管理》、《創新創業首部曲》、《服務創新》、《方法對了，人人都可以是設計師》等，希望透過這些教材輔助教學，產生事半功倍的效果，讓師生透過案例教學，激發創意與創新思維，並奠定創業的基礎知能。

「跨領域，才搶手」，業界對跨領域人才求才若渴，為了精進跨領域課

程，本校邀集全校 9 位不同專業背景的老師，以「創夢工場」及「創客基地」的實作設備為主，共同合作編撰《創意實作》。目前市面上的書籍大多集中在單一專業，本書則著重在跨領域教學及學習，希望藉由淺顯易懂的方式，講解設備操作步驟，讓讀者能輕鬆學會該單元設備的基本操作及實際練習。本書從創意、創新，延伸到創意實作，是創客教育及跨領域教育必備的一本好書。

　　Maker 是一種精神，一種文化，一種生活態度，更是一種實踐能力。期許本書能成為學習動手實作的最佳幫手，為台灣創客教育貢獻一份心力，也祝福所有勇於追夢、築夢的青年朋友們，能透過本書實踐自己的夢想，創造一個無限可能的未來！

校長 陳振遠 謹識

2018 年 1 月

課程引言

　　在現今的社會，網路的全球化趨勢，使得國際競爭力不再是技術之間的相互競技，而是在於你能創造出多少的創新能量。當我們思考該如何在這樣的創新世代趨勢中去培養創新能力時，最大的影響力，就是從校園開始向下扎根。透過學校的教育翻轉，讓學生學會思考、學會分享、學會自己發掘問題，更重要的是，學會自己動手實作的態度。

　　國立高雄第一科技大學率先在 2010 年宣示轉型為「創業型大學」，致力於培育學生「具備創新的特質，以及創業家的精神」，透過課程來落實培育學生具備「創意思維、跨域合作、數位製造、創業實踐」，並於 2016 年 8 月出版了《方法對了，人人都可以是設計師》一書，透過課程的設計來培養學生達到創意思維及跨領域的合作。有鑑於學生在數位製造及創業實踐方面，較缺少動手實作的經驗，本校陳振遠校長集結了 9 位來自不同專業背景的學者專家，透過跨科系、跨專業的方式，共同編撰出以創夢工場的場域設備為主，教你如何動手實作的《創意實作》，書中有 9 個操作單元，包括風靡全球的創客運動、材質色彩資料庫、木工機具操作輕鬆學、基礎金屬工藝、3D 列印繪圖與操作、CNC 控制金屬減法加工、LEGO 運用於多旋翼、遊戲 APP 開發入門，以及在地文化資源的調查方法與應用。9 個單元皆透過由淺入深的介紹，讓讀者可以更輕鬆入門。單元從風靡全球的創客運動開始作介紹，接著進入手工具的手工製作，其中包含了木工機具的操作及金屬工藝的認識，以便了解手作精神的重要性。在學習手作單元之後，才可以進入自動化設備的學習。

　　了解手工設備的製作後，再開始進行機械自動化的 3D 列印加法加工及

CNC 減法加工的軟體及設備操作。透過前面所包含的手工工藝製作及 3D 加工製作，之後就可以開始強調如何透過控制化程式來驅動動力進行加工。前 7 組單元從造型、結構、機構、邏輯、組裝等動手實作練習之後，第 8 單元也透過現今 APP 市場爆炸性的發展，從中學習如何開發出易上手的 APP 遊戲。

課程透過風靡全球的創客運動、手工具的操作、自動化機械設備加工、程式控制帶動馬達、APP 遊戲過程操作，以及在地文化資源的調查方法與應用等 9 個單元，來達到玩中學、學中做的教育翻轉，俾能符應我國技職轉型高教創新的精神，亦能切合本校創業型大學願景培育學生具備創新的特質及熱忱、投入與分享的創業家精神。

本書希望能培養更多想成為自造者的年輕學子，透過《創意實作》中所介紹的 9 個由淺入深的實作課程操作練習，讓你我都可以成為這個產業趨勢中的全能自造者，並且訓練自己能擁有更多的技能專長！

單元架構

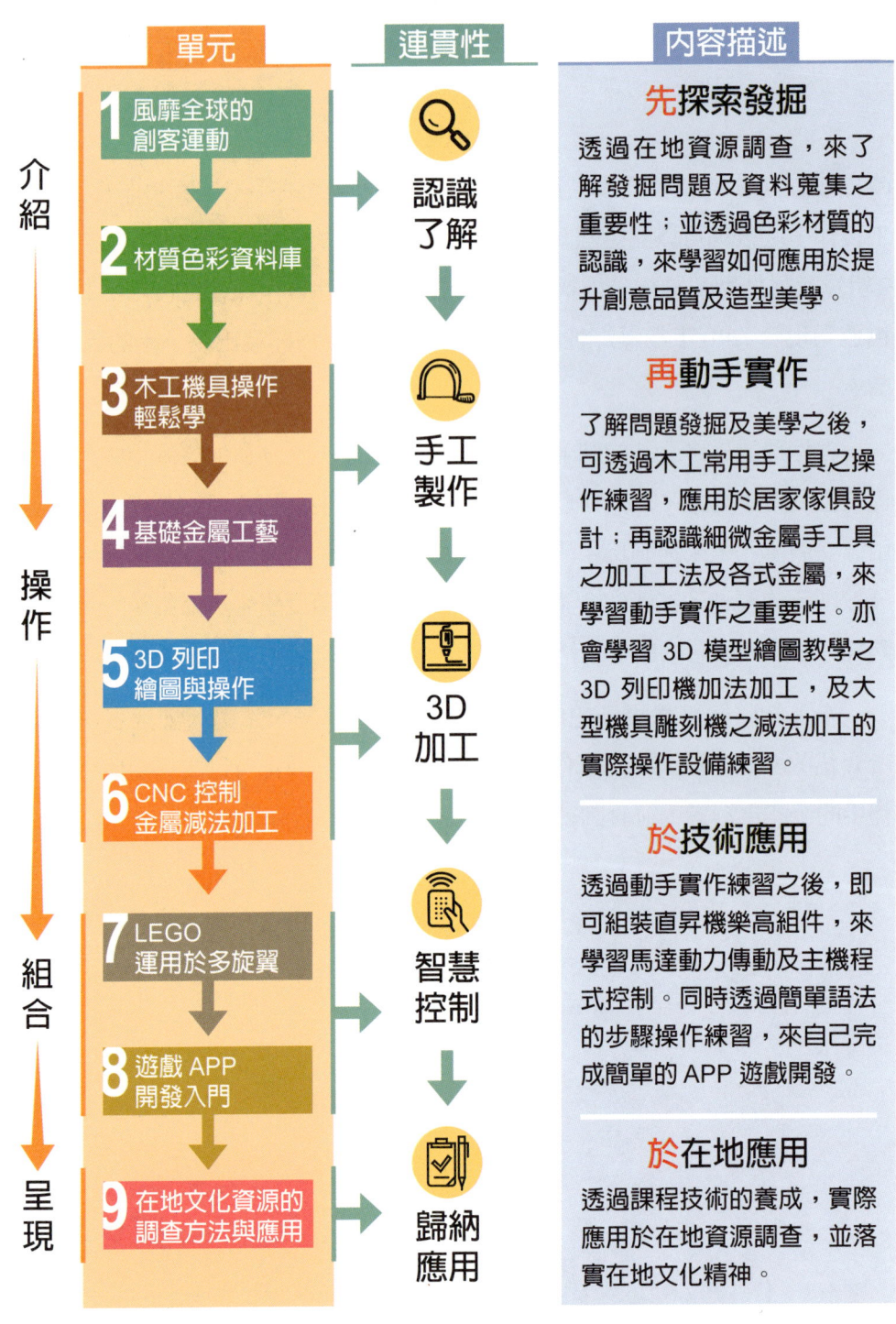

單元	連貫性	內容描述
1 風靡全球的創客運動	認識了解	**先探索發掘** 透過在地資源調查，來了解發掘問題及資料蒐集之重要性；並透過色彩材質的認識，來學習如何應用於提升創意品質及造型美學。
2 材質色彩資料庫		
3 木工機具操作輕鬆學	手工製作	**再動手實作** 了解問題發掘及美學之後，可透過木工常用手工具之操作練習，應用於居家傢俱設計；再認識細微金屬手工具之加工工法及各式金屬，來學習動手實作之重要性。亦會學習 3D 模型繪圖教學之 3D 列印機加法加工，及大型機具雕刻機之減法加工的實際操作設備練習。
4 基礎金屬工藝		
5 3D 列印繪圖與操作	3D 加工	
6 CNC 控制金屬減法加工		
7 LEGO 運用於多旋翼	智慧控制	**於技術應用** 透過動手實作練習之後，即可組裝直昇機樂高組件，來學習馬達動力傳動及主機程式控制。同時透過簡單語法的步驟操作練習，來自己完成簡單的 APP 遊戲開發。
8 遊戲 APP 開發入門		
9 在地文化資源的調查方法與應用	歸納應用	**於在地應用** 透過課程技術的養成，實際應用於在地資源調查，並落實在地文化精神。

介紹 → 操作 → 組合 → 呈現

（圖，單元架構）

緒論

　　透過第三單元所學習到一些容易上手的木工機具，更加了解型態在成型時須注意的操作步驟及安全措施。在針對中型物件(桌、椅)的手工具的操作練習之後，就要進入第四單元較細微的金屬工藝加工，它跟木工操作很相似，都是必須要注意安全及動手實作出一個創意作品出來，但金屬工藝加工更偏向藝術品的型態呈現，以及操作技法的手感練習，尤其是細微的鋸工、鑽孔及拋光，每一個過程都是完成精美藝術不可或缺的重要步驟，就如同木工操作，都得必須清楚的了解每個操作過程。本單元也會充分介紹每組技法的實際操作過程，並實際進行動手藝術品的實作。

　　藉由木工操作及本單元的金屬工藝的手作加工，即可了解手工製作的辛苦及成就感，對於之後單元所要進行的3D加工課程，相信會更加體驗到手作加工跟機械加工的差異性及效果。

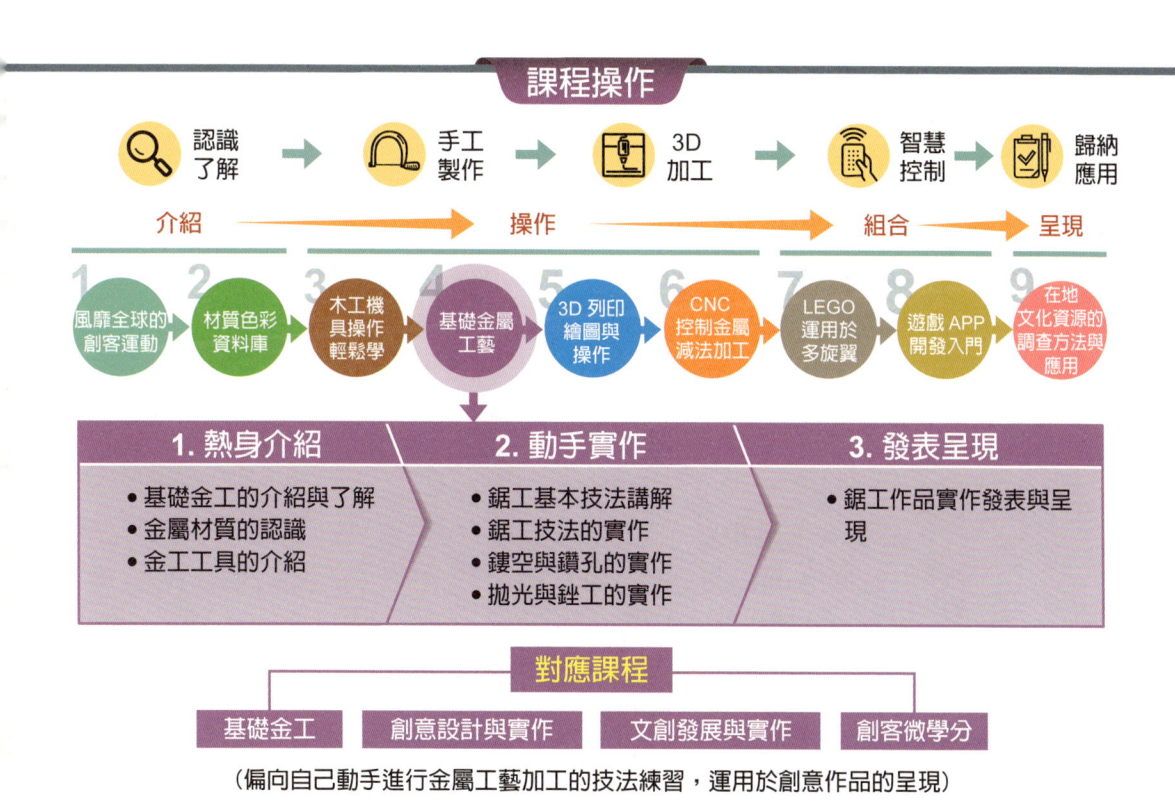

課程操作

認識了解 → 手工製作 → 3D加工 → 智慧控制 → 歸納應用

介紹　　　　　　　操作　　　　　　組合　　　　呈現

1. 風靡全球的創客運動
2. 材質色彩資料庫
3. 木工機具操作輕鬆學
4. 基礎金屬工藝
5. 3D列印繪圖與操作
6. CNC控制金屬減法加工
7. LEGO運用於多旋翼
8. 遊戲APP開發入門
9. 在地文化資源的調查方法與應用

1. 熱身介紹
- 基礎金工的介紹與了解
- 金屬材質的認識
- 金工工具的介紹

2. 動手實作
- 鋸工基本技法講解
- 鋸工技法的實作
- 鏤空與鑽孔的實作
- 拋光與銼工的實作

3. 發表呈現
- 鋸工作品實作發表與呈現

對應課程
基礎金工　　創意設計與實作　　文創發展與實作　　創客微學分

(偏向自己動手進行金屬工藝加工的技法練習，運用於創意作品的呈現)

目錄

司長序
校長序
課程引言
單元架構
緒論

4.1 基礎金工介紹 —— 4-3
    一、何謂金工 —— 4-3
    二、金工在台灣的發展 —— 4-3
    三、金工教學理念 —— 4-4
    四、給修課學生的建議 —— 4-4
    五、課程介紹 —— 4-5
    六、金工專業教室 —— 4-5
    七、金工基本工具 —— 4-7
    八、金屬材料 —— 4-7
    九、參考廠商資料 —— 4-8
        (一) 工具廠商 —— 4-8
        (二) 材料廠商 —— 4-8

4.2 鋸弓 —— 4-9
    一、鋸弓 —— 4-10
        (一) 固定式鋸弓 —— 4-10
        (二) 可調式整鋸弓 —— 4-10

二、鋸絲 —— 4-11

三、鋸弓與鋸絲的組裝 —— 4-12

四、C 型夾 —— 4-13

五、萬力 —— 4-14

六、銼橋 —— 4-14

七、畫線工具 —— 4-15

八、材料 —— 4-17

    (一) 銅 —— 4-17

    (二) 銅及其合金 —— 4-17

    (三) 青銅類金屬 (Bronze) —— 4-19

    (四) 銅鎳合金 —— 4-20

九、技法實作 —— 4-21

    (一) 鋸弓拿法 —— 4-22

    (二) 金屬鋸直線 —— 4-22

    (三) 轉彎方法 —— 4-23

    (四) 技法練習作業 —— 4-24

    (五) 進階練習作業 —— 4-24

十、旋轉黃銅成品 —— 4-27

4.3 鏤空與鑽孔 —— 4-28

一、鏤空與鑽孔使用工具 —— 4-29

    (一) 手搖鑽 —— 4-29

(二) 吊鑽 —— 4-29

(三) 桌上型鑽孔機 —— 4-29

(四) 手持型鑽孔機 —— 4-30

(五) 鑽頭 —— 4-30

(六) 鑽頭的保養 —— 4-30

(七) 中心衝 —— 4-31

(八) 其他工具 —— 4-31

(九) 手搖鑽的使用 —— 4-31

(十) 名牌的注意事項 —— 4-32

二、技法實作 —— 4-33

(一) 鏤空 —— 4-34

(二) 技法練習作業 —— 4-35

4.4 拋光與銼工 —— 4-37

一、銼刀 —— 4-38

二、銼刀的分類 —— 4-38

三、銼刀的使用 —— 4-39

四、銼刀的保養與保存 —— 4-40

五、砂紙 —— 4-41

六、砂紙的裁切與保存 —— 4-42

七、砂輪機 —— 4-43

八、青土 —— 4-44

九、拋光 —— 4-44

十、拋光後清洗 —— 4-45

十一、技法練習作業 —— 4-46

十二、進階練習作業 —— 4-46

4.5 鉚接與染色 —— 4-47

一、鉚接 —— 4-48

(一) 鉚接的製作技術 —— 4-48

(二) 鉚接的分類 —— 4-49

(三) 鉚接工具 —— 4-50

(四) 鉚接技法 (死鉚) —— 4-51

(五) 鉚接技法 (活鉚) —— 4-52

二、技法練習作業 —— 4-53

三、染色 —— 4-58

(一) 何謂染色 —— 4-58

(二) 染色用具 —— 4-59

(三) 染色的作法 —— 4-60

四、技法練習作業 —— 4-61

五、完成作品欣賞 —— 4-61

4.6 作品賞析 —— 4-62

（圖4-1，金工作品欣賞，楊彩玲提供）

4.1 基礎金工介紹

一、何謂金工

　　「金工」目前在台灣指的是一種工藝技法，通稱為「金屬工藝」，而非指「金屬加工」或「精工」（精密加工）。金工與陶瓷、木竹、玻璃合稱為四大工藝，近年來在推動創作工坊與自造者精神的鼓舞下，大專院校設計相關科系多有開設相關課程。

　　「金工」是利用各種金屬作為主要的素材，如金、銀、銅、鐵、錫、鋁、鉛、鈦……等，再加上創作者的設計與創意，運用各式金工工具，完成創作。作品範圍多元，包括金銀珠寶、流行飾品、金屬產品、文具禮品、金屬容器、金屬裝置藝術等。

二、金工在台灣的發展

　　最早的金工可推溯到七千年前兩河流域的金銀飾品，中國的青銅器亦是金工發展的重要里程碑。而當代台灣金屬工藝的發展，可追溯至早期的珠寶代工，隨著台灣經濟起飛，珠寶產業亦跟著蓬勃發展。然而，隨著產業蕭條及工廠外移，金工產業漸失去競爭的優勢，技藝與人才亦逐漸凋零。

　　1990 年代起台灣留學歐美的學者返台將西方金屬工藝理念帶入大專院校專業課程中，使金工技藝在學院中發芽茁壯，不同於早期的代工產業，金屬工藝於學院中的發展多元且具實驗性質，於是開創全新的蓬勃發展，其主要的精神在於「創意」及「手作」。

三、金工教學理念

　　金屬工藝課程主要培養對金屬的認識，進而學習使用金屬作為創作設計的材料。一般大學專業金工課程分為大一的金屬基礎課程，學習鋸、銼、蝕刻等基礎技法；大二課程以焊接、鎔鑄為主，學習金工珠寶設計及藝術行銷等；大三金工課程安排進階技法及複合材料運用，包括琺瑯、金屬編織、鍛敲等；大四畢業專題可運用金屬材料發展金屬產品、生活用品、文具禮品、藝術創作、金銀珠寶等。期望金工的課程能引領設計進入極致工藝的手感世界，將工藝與設計相結合，為設計創造出更高的附加價值。畢業後的未來出路廣泛，如：金屬相關的產品設計、藝術創作、珠寶設計等。

　　本課程單元主要是以金工體驗為主，期盼以簡易入門的金工技法，激起創意者的興趣，同時也增加創意者的金屬知識與製作技巧，希望能為跨領域學習者提供專業又有趣的金工技術。

四、給修課學生的建議

　　從事「金工藝術」要有恆心、耐心，更須耐操，因為金工作品需要花上很長的時間，而且做出來的成品又很小！要慢慢做，通常一件好的作品要花上一到兩個月的時間才能完成！所以不管做什麼事情，都一定要堅持到底、並且專注認真！不要求各位同學一定要有好的成果，因為不是每個人都有天分，但是「認真的人就會有收穫」！重要的是「過程」，在過程中認真學習，必然有收穫，最終成果的好壞反而是其次了～加油！

五、課程介紹

教學目標	1. 金屬材料與金屬工藝之了解與應用。 2. 金工技法之熟練與操作。 3. 創意開發與統合設計實務。
主要教材	自編教材
參考書籍	1. 玩金術，趙丹綺、王意婷，煉丹場珠寶金工工作室。 2. 珠寶與首飾設計，ELIZABETH OLVER，林育如譯，視傳文化。 3. 珠寶製作的秘訣與捷徑，Stephen Okeeffe，陳國珍譯，視傳文化。 4. 珠寶手工藝製造，張志純，徐氏文教基金會。 5. 呂雪芬，自己動手作造型銀飾，福人居，ISBN： 9867378024 6. The Complete Metalsmith, Tim McCreight, Davis Publications. 7. Complete Metalsmith, Tim McCreight, Brynmorgen Press. 8. Jewelry: Fundamentals of Metalsmithing, Tim McCreight, Hand Books Press. （尊重智慧財產權，請勿非法影印！）
先修課程	無
對修習學生建議	1. 注意安全：工藝製作將會運用部分工具及機器，注意使用規則，防止意外發生。 2. 遵守時間：遵守上下課時間規定，及繳交作品／作業等的時間規定。 3. 環境整潔：隨時保持工作環境的整潔，離開時務必打掃乾淨，以利其他同學的使用。 4. 課程進度可依實際狀況，增減作業繳交及課程內容。

六、金工專業教室

金工創作需要金工專業教室，每人一張金工桌及可調整高低的工作椅，桌

（圖4-2，樹德金工教室，楊彩玲拍攝）　　（圖4-3，草屯工藝中心金工教室，楊彩玲拍攝）

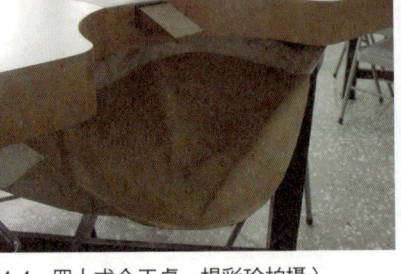

（圖4-4，四人式金工桌，楊彩玲拍攝）　　（圖4-5，單人式金工桌，楊彩玲拍攝）

上需配備有銼橋座、金屬鑽、吊鑽、火槍、耐火磚、燈光、護目鏡、集削盒等，若處於通風不良處，整間教室需另設通風吸塵設備。

七、金工基本工具

除了金工桌的共同配備外，有些金工坊還會提供一些共用工具，例如手搖鑽、榔頭、尖嘴鉗、衝頭、衝座等，但個人也需要準備屬於自己的簡易手工具，這些工具無法與他人共用或者是消耗型工具，例如鋸弓、鋸絲、鑽頭、砂紙等（如下表所示），亦可自行準備工具箱或工具袋，以便整理歸納工具，在工作上會更有效率。

表 4-1　個人需準備的工具

編號	名稱	單位	備註
01	鋸弓	1 支	
02	#3/0 號鋸絲	2 打	鋸絲斷得很快，可以自行多準備
03	C 型夾銼刀板組	1 組	
04	砂紙 #120#220#400#600#800 各四分之一張	1 份	
05	半圓粗銼刀	1 支	
06	銅刷	1 支	
07	鑽針 1 mm、2 mm	各 1 支	1 mm 鑽頭斷得很快，為防萬一，可以自己多買幾支
08	拋光青土兩條	--	全班共同購買
09	硫磺精 1 瓶	--	全班共同購買

> ps 自備工具──
> 槌頭、尖嘴鉗、抹布。

（圖4-6，自備工具袋，楊彩玲拍攝）

八、金屬材料

　　本課程使用之金屬材料以紅銅、黃銅、鋁為主，需至銅鋁材料行購買，一般五金行並沒有販售，金屬材料的販售標準通常有兩種，一種是秤重、另一種是計算面積，重量以公斤計算，會隨時價波動。

　　紅銅為純銅片，英文名稱為 Copper，化學元素 Cu，其表面呈現橘粉紅色，金屬硬度較軟，適合染色與鍛敲。黃銅為銅鋅合金，英文名稱為 Brass，其表面呈現金黃色，金屬硬度較硬，適合鋸切拋光處理。鋁包括純鋁與鋁合金，英文名稱 Al，金屬表面呈現銀灰色，鋁合金通常使用銅、鋅、錳、矽、鎂等合金元素，因所化合的元素不同，編號由 1000～7000 系列不等，本課程主要使用 1000 號系列的純鋁 (如表4-2)。

表 4-2　金屬材料

編號	名稱	單位	尺寸
01	紅銅片	一片	1 mm ×15 cm ×15 cm
02	黃銅片	一片	1 mm ×15 cm ×15 cm
03	鋁片	一片	1 mm ×15 cm ×15 cm
04	紅銅線 1 mm、2 mm	各一條	1 mm ×50 cm
05	黃銅線 1 mm、2 mm	各一條	1 mm ×50 cm

九、參考廠商資料

　　以下為工具材料參考廠商，因地緣關係以南台灣為主，中北部的相關廠商，煩請自行搜尋查訪。工具材料價格各家廠商皆有差異，建議先行訪價。

(一) 工具廠商

• 金寶山藝品工具店 http://jbs1937.com.tw/index_down.php	02-25223079	台北市新生北路一段 80 號
• 冠生銀樓	07-5619760	高雄市鹽埕區建國四路 313 號
• 亞洲鑽石工業 http://asia-diamond.myweb.hinet.net/c/018/index.htm	06-2368364	台南市北園街 142 號
• 光淙金工 http://www.950.com.tw/	02-26017601	台北縣林口鄉粉寮路一段 104 號
• 益晟銀樓	04-2225775	台中市中正路 182 巷 10 號
• 長城銀樓	06-2594343	台南市海安路三段 128 號

(二) 材料廠商

• 良宇金屬	07-5215587	高雄市鹽埕區新興街 182 號
• 三川銅鋁	06-2827555	台南市永康區中正南路 70 號

4.2　鋸弓

（圖4-7，作品欣賞，楊彩玲提供）

附註：本單元的圖片資料來源為 CC0 免費圖庫搜尋引擎中的公用檔，其網址如下：http://cc0.wfublog.com/2015/04/high-quality-cc0-photo-collection.html

一、鋸弓

鋸弓是金屬工藝中最基本的工具之一，所以選擇一把良好的鋸弓極其重要。鋸弓有兩種形式，分別為可調整式與固定式：

(一) 固定式鋸弓

固定式的鋸弓是完整長度的鋸絲。

(二) 可調式整鋸弓

可調整式的鋸弓能夠隨意調整弓身的長度，以配合已被折斷的鋸絲長度，進而再度使用。

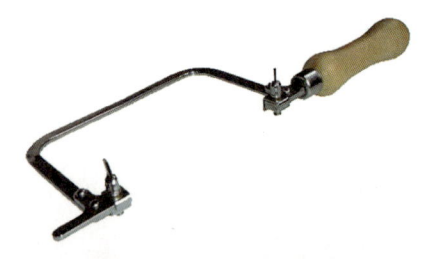

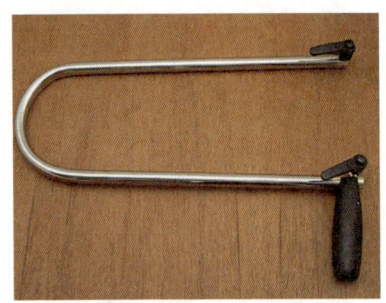

（圖4-8，固定式鋸弓，楊彩玲提供） 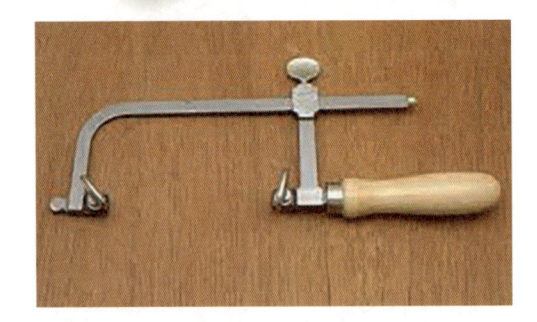　　　（圖4-9，可調整式鋸弓，楊彩玲提供）

鋸弓的深度也有所不同，可依據需要選擇。越小的鋸弓越輕，使用起來也越穩。選擇鋸弓時，必須檢查兩端夾鎖鋸絲的翼型螺絲帽，若發現用手轉不緊時，可使用老虎鉗拴緊以夾住鋸絲，但也容易因施力不當而使螺絲帽很快損壞，故須小心使用。

二、鋸絲

鋸絲是由特殊的鋼鐵合金製成，經過精密的鍛造與硬化處理。標準長度為 13.3 公分，而鋸絲的尺寸從最細的 8/0 號至最粗的 14 號。細的鋸絲通常用於鋸切較為精細的作品，鋸出的線條也較窄細，但也容易因為施力不當造成斷裂；粗的鋸絲鋸出的線條較粗，鋸切速度較快，但也會使金屬材的損失較多。一般來說，薄的金屬材會搭配細的鋸絲；厚的金屬材則使用粗的鋸絲。一般最常使用的鋸絲尺寸為 4/0～4 號（課堂上是使用 3/0 號的），如表4-3 所示。

表4-3　鋸絲尺寸圖

尺寸號數	鋸片厚度 (mm)	鋸齒深度 (mm)	每公分鋸齒數	建議適用工作物厚度 (mm)	建議適用鑽頭尺寸 (mm)
8/0	0.16	0.32	38	0.4	0.34
7/0	0.17	0.35	35	0.4～0.5	0.34
6/0	0.18	0.36	32	0.5	0.37
5/0	0.20	0.40	28	0.5～0.65	0.41
4/0	0.22	0.44	26	0.65	0.46
3/0	0.24	0.48	23	0.65	0.51
2/0	0.26	0.52	22	0.65～0.8	0.53
1/0	0.28	0.56	21	0.8～1.0	0.61
1	0.30	0.63	19	0.8～1.0	0.66
2	0.34	0.70	17	1.0～1.3	0.71
3	0.36	0.74	16	1.0～1.3	0.79
4	0.38	0.80	15	1.0～1.3	0.81
5	0.40	0.85	14	1.3	0.89
6	0.44	0.94	13	1.6	1.06
7	0.48	1.02	12	2	1.09
8	0.50	1.15	11	2	1.32

創意實作 ▶ 基礎金屬工藝

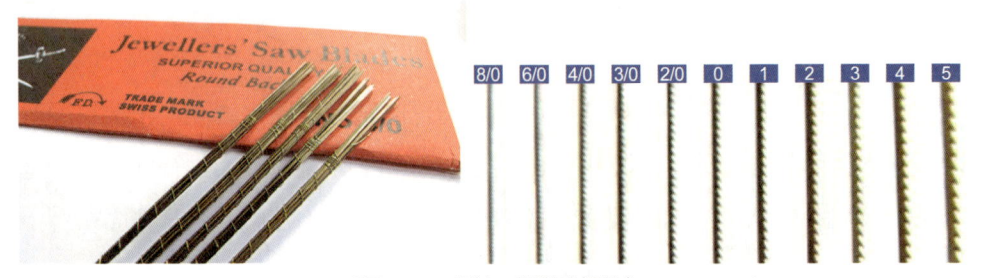

（圖4-10，鋸絲，楊彩玲提供）

> 💡 **貼心小提醒**
> 若怕斷裂的速度太快可多加準備（約2、3打）。

三、鋸弓與鋸絲的組裝

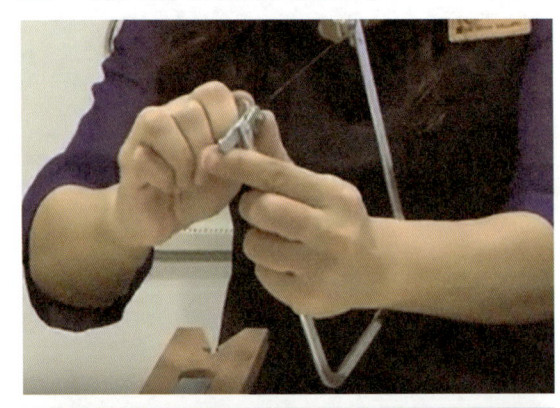

① 先將鋸絲完全置入鋸弓上方的螺絲帽夾層中並鎖緊，若不夠緊可用老虎鉗拴緊。

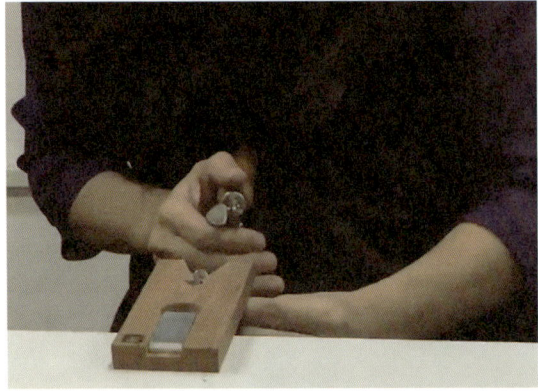

② 將鋸弓頂在桌邊並往前頂，手把可頂在腹部以便雙手可操作。

4-12

❸ 將另一端鋸絲推至螺絲帽再往內半公分至一公分鎖緊即完成。

貼心小提醒
1. 鋸絲務必向外向下裝置。
2. 裝置好後可用手彈撥鋸絲，若裝得好，會發出清脆的「叮叮」聲。若裝得太緊，容易造成斷裂；有時也會造成鋸絲扭轉而無法依照圖樣鋸切。

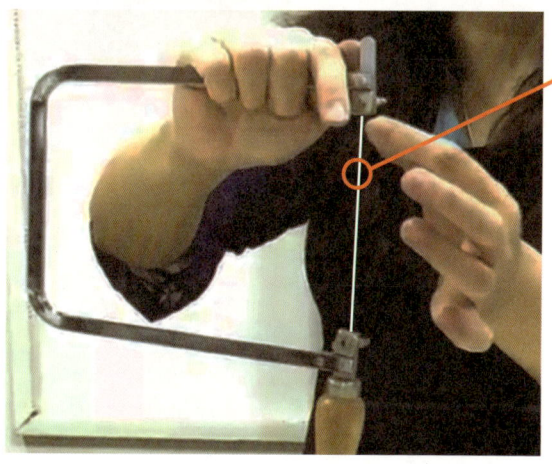

（圖4-11，鋸弓與鋸絲的組裝，楊彩玲提供）

四、C型夾

C型夾利用擰緊螺絲桿，將物件臨時固定在工作桌上，可以隨時取下。通常用來固定銼橋或其他物件，因金屬表面較滑手，所以也有人用來固定金屬。

（圖4-12，C型夾，楊彩玲提供）

五、萬力

水平式萬力，固定在工作桌上，無法隨時取下，需用螺栓安裝。

（圖4-13，萬力，楊彩玲提供）

六、銼橋

進行鋸切或銼修時常會將金屬材置於其上方用以支撐，銼橋有幾種形式：

1. 溝槽式
將銼橋直接置入專用工作桌的溝槽中再固定之。通常在專用金工教室中使用，需有專用金工桌，且銼橋尺寸需配合金工桌溝槽設計。

2. 夾具式
利用特殊夾具固定於桌面上，可隨身攜帶，夾於任何桌面即可立即使用，故不受場地與教室限制，較為方便。

3. 綜合式
兼具夾具與溝槽兩種功能，既可方便攜帶、隨處使用，又具替換溝槽，亦可固定在教室供大家使用。金屬鐵座具有鐵砧的功能。

（圖4-14，銼橋，楊彩玲提供）

ps 大部分的銼橋形狀如圖4-14所示，一面呈水平，一面呈斜面，通常是以水平那面進行裁切（因為鋸切時，鋸絲需與金屬材保持垂直）。如遇到特殊情況，可使用斜面操作。銼橋前端可製造V字缺口，缺口頂端再製出圓形小洞，以便在鋸切小尺寸物件局部部分能順利進行不受阻。

貼心小提醒
銼橋為消耗型配件，可因應特殊需求調整其外型和多準備，以增進工作便利性。

七、畫線工具

圖4-15 的工具都是利用尖銳的部分在金屬材上畫上記號，但務必記得別大力刮劃金屬材，以免在打磨時，造成多餘的損耗。

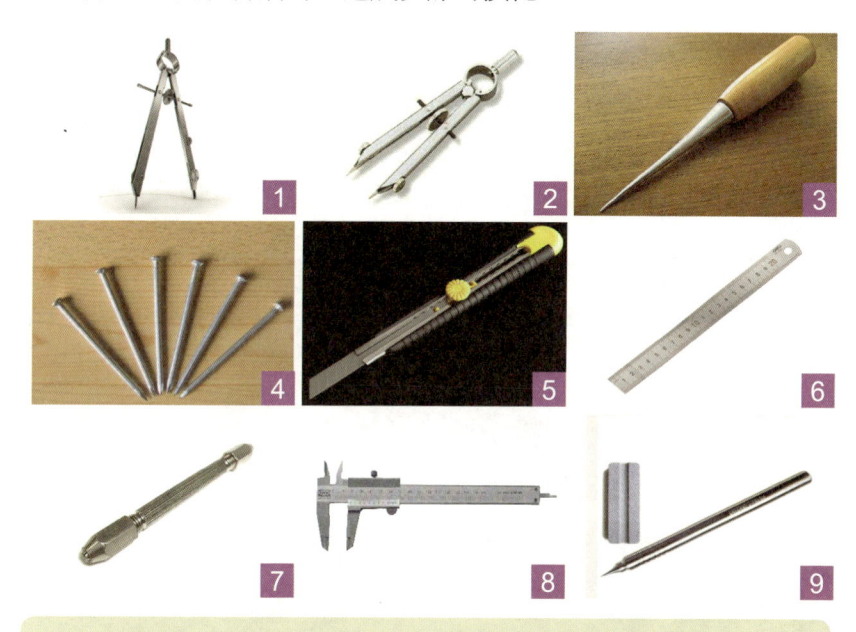

1. 圓規　2. 分規　3. 鑽子　4. 鋼釘　5. 刀片　6. 鋼尺
7. 四分鉗　8. 游標卡尺　9. 畫線針

（圖4-15，畫線工具（一），楊彩玲提供）

使用鉛筆是畫不上去的！所以千萬別異想天開地拿來使用；而油性筆雖然可以在金屬上畫記號，但畫出的線條太粗，會造成鋸切金屬時尺寸出現誤差，所以不建議使用。

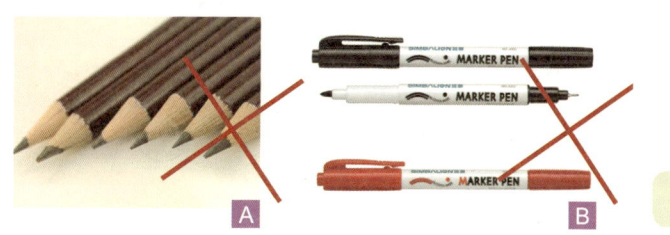

A. 鉛筆　B. 油性筆

（圖4-16，畫線工具（二），楊彩玲提供）

4-15

創意實作 ▶ 基礎金屬工藝

（圖4-17，楊彩玲提供）

八、材料

(一) 銅

銅呈現紅色色澤，又稱之為紅銅。銅（Copper Cu）一字源自於古羅馬文，當時古羅馬所使用的銅幾乎來自塞普路斯（Cyprus），故將銅稱之「塞普路斯金屬」，並縮寫為 Cyprium，即為現今的 Cu。銅被相信是人類最早使用的金屬，大約西元六千年前，埃及人以熔融、鑄造及打造的方式將銅製成武器。青銅器在中國的歷史上，其起源至少可追溯到西元前三千年，正值仰韶文化晚期與龍山文化的交接時期，是中國使用金屬時期的開端，一直發展到商代後期為青銅發展史上的第一個高峰。現今非鐵類金屬中，不論是工業或工藝藝術中，銅及其合金都是使用最廣的金屬。

（圖4-18，銅，楊彩玲提供）　　（圖4-19，銅，楊彩玲提供）

(二) 銅及其合金

銅與銅合金是除了黃金之外的唯一不呈白色或灰色的金屬，銅合金的色度很廣，會依據其中銅含量的多寡與合金成分組成的不同而有不同的色相。

銅合金的分類有二種，第一種是以其加工方式來分類成鍛造類合金與鑄造類合金；另一種主要的分類法是以金屬成分區分：銅含鋅為黃銅類合金，銅含錫為青銅類合金。

（圖4-20，類合金，楊彩玲提供）　　　（圖4-21，類合金，楊彩玲提供）

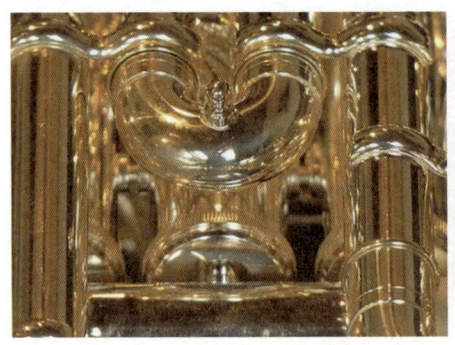

1. 黃銅類 (Brass)

　　純銅混合不同比例的鋅，會形成不同的黃銅類合金。黃銅合金名稱的成分比例的不同，在特性與使用範圍亦會有所不同，茲選取較常見的簡單介紹如下：

◆ Gilding Metal

95% 銅 (Cu) + 5% 鋅 (Zn)

Gilding Metal 常用於流行飾品的金屬底，還需再經過電鍍處理。另外，也常被用來製造代幣、貨幣、獎章、徽章、別針等或將其應用於琺瑯與腐蝕技術上。

◆ Red Brass

85% 銅 (Cu) + 15% 鋅 (Zn)

可用於仿珠寶、徽章、腐蝕及製管。

◆ Forging Brass

60% 銅 (Cu) + 38% 鋅 (Zn) + 2% 鉛 (Pb)

具有特殊金色的黃銅類金屬，尤其適用於鍛造及壓製技法所做的飾品。

◆ Yellow Brass

65% 銅 (Cu) + 35% 鋅 (Zn)

可用在所有的金屬加工技術上，尤其是抽線、壓印及以旋壓成形等技法所製的各種飾品。

◆ Muntz Metal

60% 銅 (Cu) + 40% 鋅 (Zn)

是最堅固的黃銅類金屬，金屬在高溫時有最佳的鍛鍊性質，但在冷卻時，卻容易產生皺裂的現象。

(三) 青銅類金屬 (Bronze)

青銅比純銅更硬，也比純銅多出兩倍的張力，其鑄造性、耐磨性、抗蝕性均佳，而延展性卻比黃銅差。也由於青銅會產生古色斑斕的銅綠，所以美術工藝品常使用青銅為表現材料。

純銅中含錫的多寡，會影響青銅的機械性質，含 6% 的錫，最容易被加工，另外青銅中如果加入其他成分，會影響青銅性質。

（圖4-22，青銅類金屬，楊彩玲提供）　　（圖4-23，青銅類金屬，楊彩玲提供）

1. 鉛青銅

有助於金屬的鑄造、加工及上色效果，

2. 鋁青銅

可增加耐蝕性、耐磨性，因此鋁青銅在大氣中不變色，於高溫時抗氧化，但是塑造性較差，縮率較大。

3. 磷青銅

可改善鑄造時的流動性和耐磨性，減少氣泡，使組織細密，增加彈性。

（四）銅鎳合金

鎳具有銀白色的光澤，能拋光至鏡面效果，質地堅硬，富延展性、可鍛性、耐熱性、耐蝕性皆良好，抗氧化並具有強磁性，鎳易於與其他金屬融合，因此，鎳極重要的用途就是製造出鎳合金。另一個用途就是電鍍，因為鎳層可保護其他金屬不被侵蝕。其中銅鎳合金，為其廣泛運用的一種金屬。

> **貼心小提醒**
> - 銅 80～90%、錫 2～8%、鋅 1～12%、鉛 1～3%，適合用於工藝用青銅，因其性質較容易鑄造，並耐磨損且具抗風化作用。
> - 含錫 5～10%，硬度更高，能使雕刻紋路清晰，適合作為獎章。
> - 95% 銅 + 4% 錫 + 1% 鋅，可用於幣銅、室內裝飾及建築等用途。

（圖4-24，銅鎳合金，楊彩玲提供）　　（圖4-25，銅鎳合金，楊彩玲提供）

◆ Nickel Silver

65% 銅 (Cu) + 18% 鎳 (Ni) + 17% 鋅 (Zn)

這是銅鎳合金的一種，有著如銀一般的灰白光澤，俗稱「鎳銀」，雖然英文名稱中有「銀」一字，但其本身不含銀的成分。鎳銀在高溫可抗氧化，耐蝕性，適合各種成型加工與焊接的技法。

九、技法實作

（圖4-26，作品欣賞，楊彩玲提供）

創意實作 ▶ 基礎金屬工藝

(一) 鋸弓拿法

鋸弓拿法有以上兩種握法，圖4-27 為西方一般使用的正握法；圖4-28 則為反握法，為香港與台灣傳統師傅的常用握法，可依照個人習慣選擇。

（圖4-27，正握法，楊彩玲提供） 　　（圖4-28，反握法，楊彩玲提供）

(二) 金屬鋸直線

❶ 先在銼橋上切出缺口，以方便鋸切（若買來的銼橋已有缺口可忽略此步驟）。

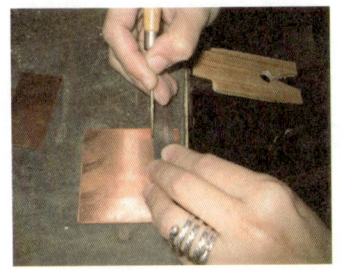

❷ 在銅片上用畫線工具，畫上要鋸切的記號。

❸ 做好記號後，即可準備鋸弓，進行鋸切動作。

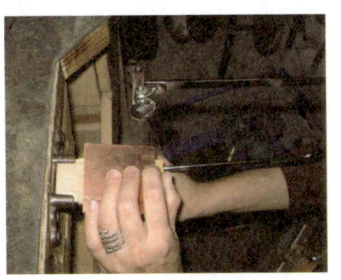

❹ 鋸切時，鋸弓與銅片請保持垂直，速度不需太快。

4-22

（圖4-29，金屬鋸直線操作步驟，楊彩玲提供）

貼心小提醒
鋸切快進入尾聲時，請注意別施力過當，以免鋸絲回彈造成手指受傷。

(三) 轉彎方法

先停留於轉彎處，但鋸弓動作不停止，慢慢轉動銅片，轉至另一方向即完成轉彎動作。

（圖4-30，轉彎方法操作步驟，楊彩玲提供）

ps 旋轉銅片時，切記勿操之過急，以避免鋸絲因扭轉而斷裂。

4-23

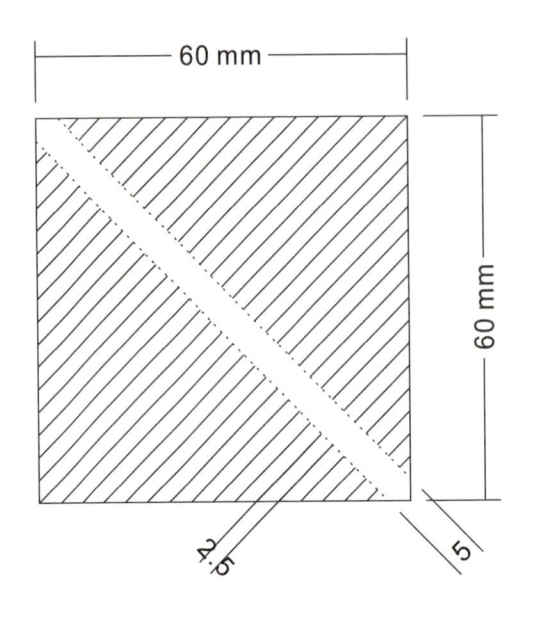

(四) 技法練習作業

旋轉黃銅

注意事項：

- ◆ 鋸弓垂直向下。
- ◆ 鋸齒向外向下。
- ◆ 手指頭遠離工作區正前方。
- ◆ 鋸的位置在鋸線外側，不要在鋸線上。
- ◆ 畫線用針，不用鉛筆、原子筆、油性筆。

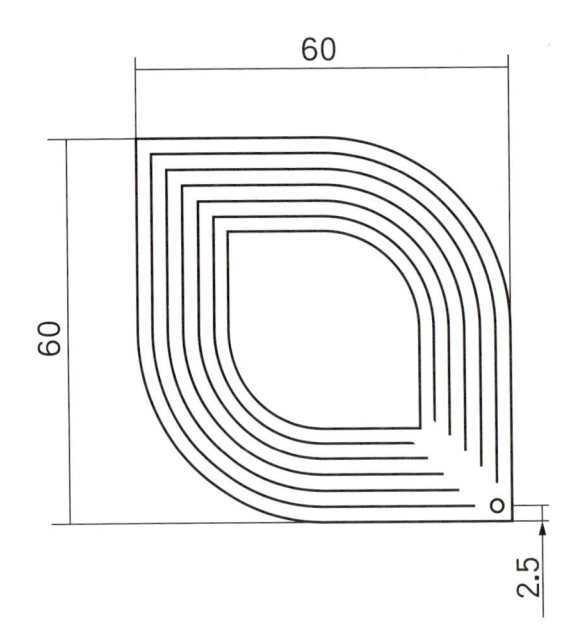

(五) 進階練習作業

WORK-01

注意事項：

請將附錄影印並剪下黏貼在金屬材進行操作。

- ◆ 鋸弓垂直向下。
- ◆ 鋸齒向外向下。
- ◆ 手指頭遠離工作區正前方。
- ◆ 鋸的位置在鋸線外側，不要在鋸線上。

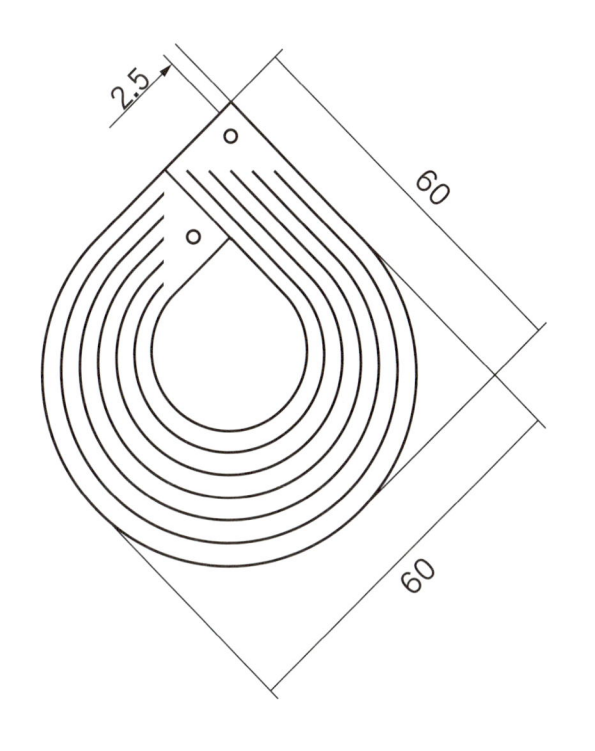

WORK-02

注意事項：

請將附錄影印並剪下黏貼在金屬材進行操作。

◆ 鋸弓垂直向下。
◆ 鋸齒向外向下。
◆ 手指頭遠離工作區正前方。
◆ 鋸的位置在鋸線外側，不要在鋸線上。

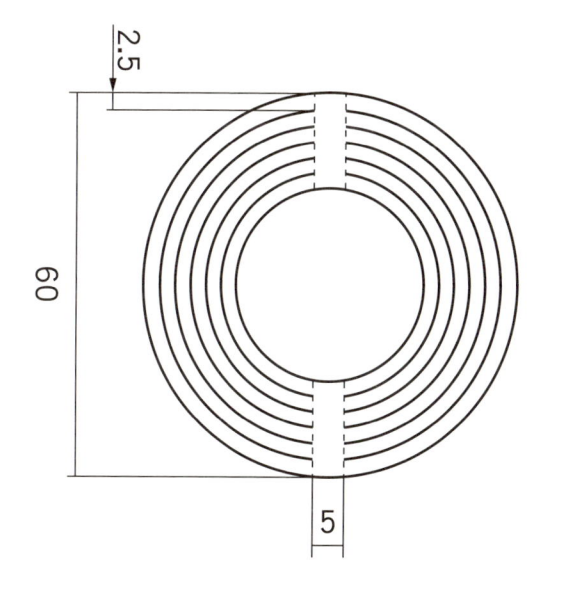

WORK-03

注意事項：

請將附錄影印並剪下黏貼在金屬材進行操作。

◆ 鋸弓垂直向下。
◆ 鋸齒向外向下。
◆ 手指頭遠離工作區正前方。
◆ 鋸的位置在鋸線外側，不要在鋸線上。

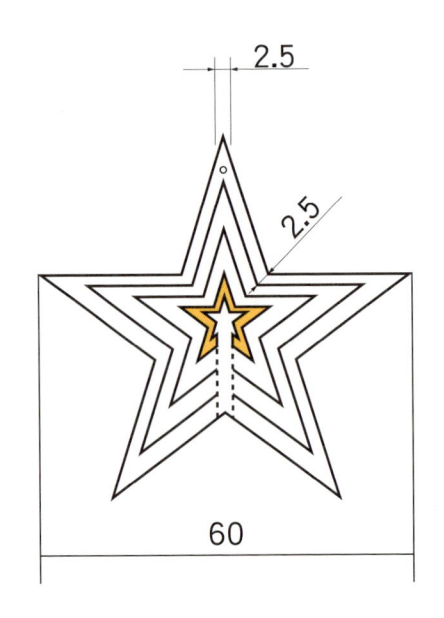

創意實作 ▶ 基礎金屬工藝

WORK-04

注意事項：

請將附錄影印並剪下黏貼在金屬材進行操作。

◆ 鋸弓垂直向下。
◆ 鋸齒向外向下。
◆ 手指頭遠離工作區正前方。
◆ 鋸的位置在鋸線外側，不要在鋸線上。

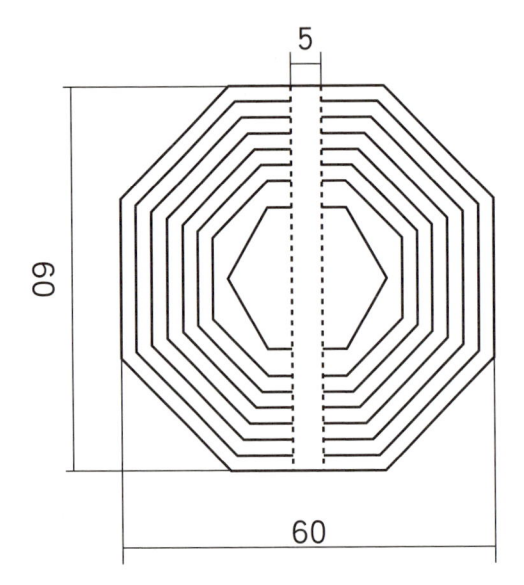

WORK-05

注意事項：

請將附錄影印並剪下黏貼在金屬材進行操作。

◆ 鋸弓垂直向下。
◆ 鋸齒向外向下。
◆ 手指頭遠離工作區正前方。
◆ 鋸的位置在鋸線外側，不要在鋸線上。

十、旋轉黃銅成品

（圖4-31，旋轉黃銅成品欣賞，楊彩玲提供）

4.3 鏤空與鑽孔

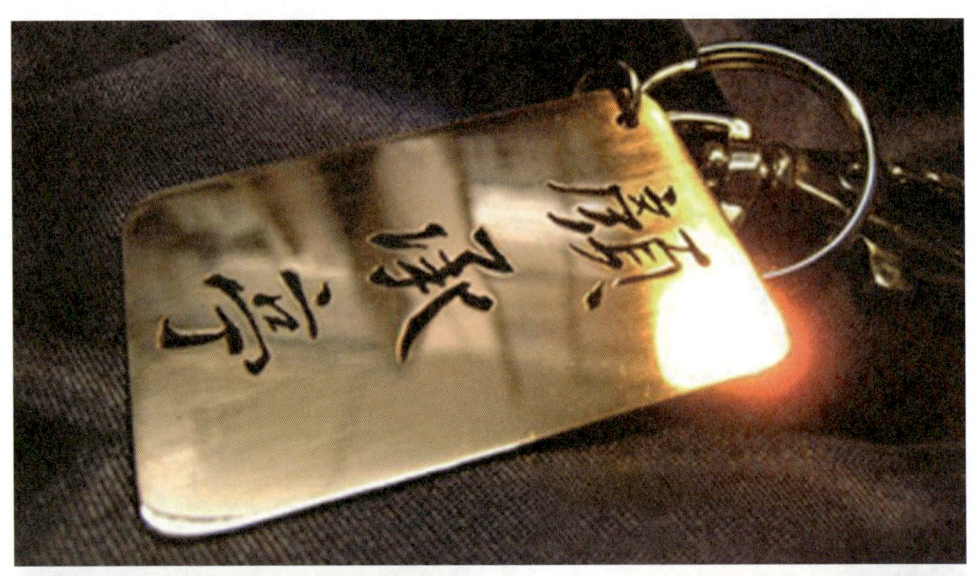

（圖4-32，作品欣賞，楊彩玲提供）

一、鏤空與鑽孔使用工具

(一) 手搖鑽

手搖鑽是一種不靠電力，完全用左右手共同操作的鑽頭工具。使用時需先將工作物固定，由左手控制著整個鑽身，使鑽頭保持垂直，並向下施力，右手則旋轉把手，經由齒輪帶動鑽頭的旋轉。旋轉時速度不要太快，避免鑽頭發熱軟化或不慎折斷，且每正轉三次需反轉一次，以防金屬屑卡住洞口。為確保鑽頭起始位置的正確，可使用中心衝或是鋼釘在需要鑽孔處打上凹痕。

（圖4-33，手搖鑽，楊彩玲提供）

(二) 吊鑽

是經常被使用的電動工具，除了可以裝上鑽頭用於鑽孔之外，亦可裝上切、削、磨的配件，以進行不同功能的操作；裝置這些配件時，必須注意軸心是否垂直，其訣竅在於旋開吊鑽夾頭時，其旋開的開口切勿過大，只旋開到足以讓配件軸心剛好進入即可。

（圖4-34，吊鑽，楊彩玲提供）

(三) 桌上型鑽孔機

除了吊鑽之外，桌上型鑽孔機也是很方便的鑽孔工具，但多為木工使用，其優點在於桌上型鑽孔機有一個與鑽頭垂直的檯面，用以支撐工作物，使操作過程中鑽頭與工作物永遠保持垂直。缺點是轉速過快，較難控制。也常因轉速過快使鑽頭發熱軟化。且金屬物件太小時，常因轉動摩擦生熱，使金屬物件太燙而不易抓持，飛出轉台發生危險。建議盡量不要使用。

（圖4-35，桌上型鑽孔機，楊彩玲提供）

（四）手持型鑽孔機

與吊鑽極為相似，也可裝上鑽頭用於鑽孔，亦可裝上切、削、磨的配件，以進行不同功能的操作。但與吊鑽不同的是，手持型鑽孔機體型較小，方便攜帶，也沒有軸心需垂直的問題。但轉速較慢，扭力較小，在對較大的金屬物件進行操作時較為吃力。較適合使用於小型金屬物件上。

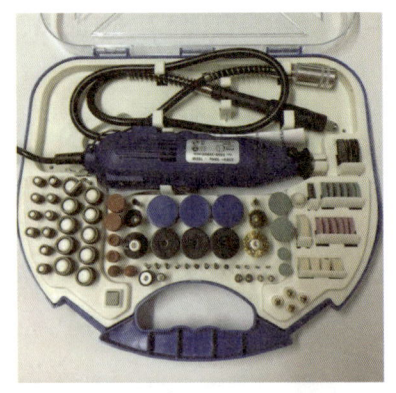

（圖4-36，手持型鑽孔機，楊彩玲提供）

（五）鑽頭

鑽頭是一般鑽子或鑽挖機器所採用的切割工具，以切割出圓形的孔洞。鑽頭基本原理為使鑽頭切邊旋轉，切削工件，再由鑽槽進行排除鑽屑。它包含了機械、木工、採礦業、混凝土、水泥等不同用途的鑽頭。

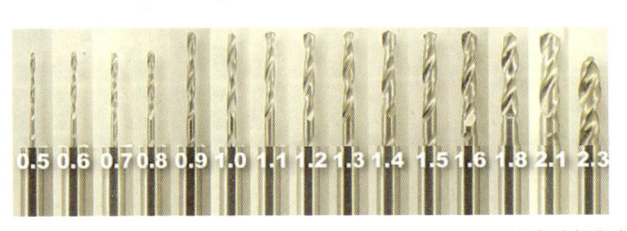

（圖4-37，鑽頭，楊彩玲提供）

（六）鑽頭的保養

鑽頭因為經常使用而變得不鋒利時，可將鑽頭的刀刃處重新研磨，但須有技巧且耐心的操作。研磨時需確定刀刃保持118～120度，而刀刃的切角則為59度。

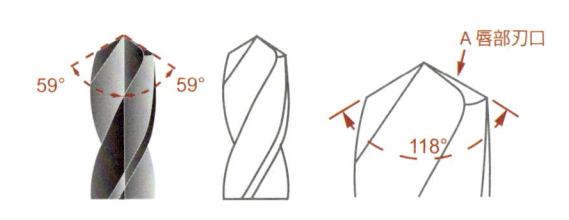

（圖4-38，鑽頭的保養，楊彩玲提供）

(七) 中心衝

用來做鑽孔前的位置標記用，所撞出的點可引導鑽頭準確鑽過。若手邊沒有中心衝，也可使用鋼釘，配合槌子也可達到相同效果。

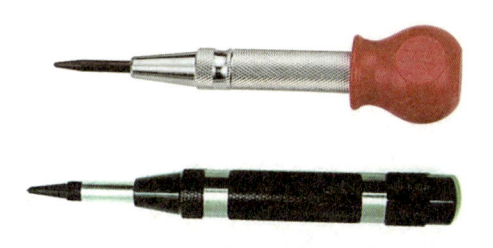

（圖4-39，中心衝，楊彩玲提供）

(八) 其他工具

圖4-40 為口紅膠，用來黏合所影印的附圖或其他用來作為記號的紙張；圖4-41 為潤滑油，在鑽孔時，鑽頭與金屬摩擦容易產生熱，可適時地加上一點，以免金屬溫度升溫太高而變形。

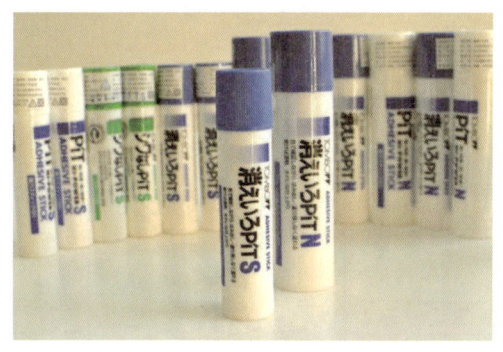

（圖4-40，口紅膠，楊彩玲提供） （圖4-41，潤滑油，楊彩玲提供）

(九) 手搖鑽的使用

要轉開手搖鑽上方安裝鑽頭的部分前，需將手把固定好，否則無法將其轉開。

轉開後，將鑽頭放進並轉緊。

> 💡 **貼心小提醒**
> 在安裝鑽頭時，需注意轉動時是否會有左右偏動的現象，以避免在鑽孔時，鑽頭容易斷裂，發生危險。

（圖4-42，轉鑽頭，楊彩玲提供）

(十) 名牌的注意事項

由於字體本身會有相連的部分，在進行鏤空時會有問題，所以必須在鋸切前先將字體進行修改。

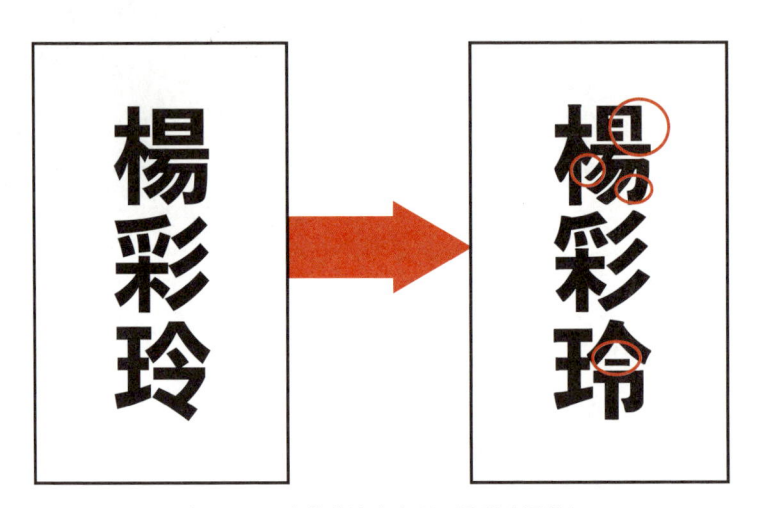

（圖4-43，名牌的注意事項，楊彩玲提供）

例如：

日的部分，需開個小口使鋸絲得以鋸切進去，以便在鏤空時能夠保留所要的位置（如圖4-43）。

二、技法實作

The Key Ring

（圖4-44，作品欣賞，楊彩玲提供）

(一) 鏤空

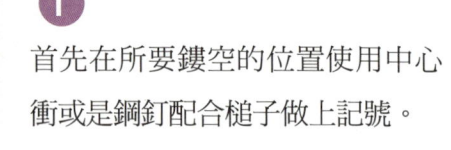

❶ 首先在所要鏤空的位置使用中心衝或是鋼釘配合槌子做上記號。

❷ 做好記號後，使用手搖鑽進行鑽孔（若有其他鑽孔工具，也可自行選擇使用）。

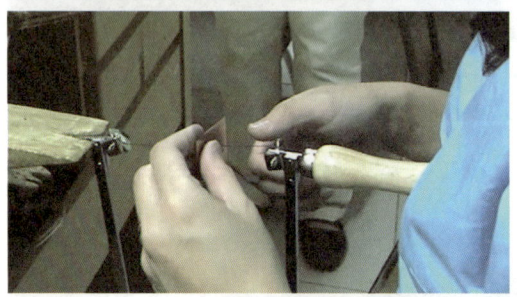

❸ 將鋸絲穿過金屬材鑽好的孔洞並鎖緊。

❹ 鎖緊後即可進行鋸切，鋸切時請小心且慢慢操作，勿操之過急。

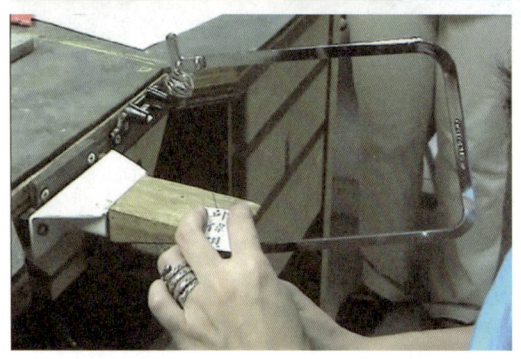

（圖4-45，鏤空操作步驟，楊彩玲提供）

(二) 技法練習作業

姓名名牌

注意事項：

字體可自行挑選，選擇字體時須先自行做調整，避免鋸切困難（請依前面所展示的方式做修整）。

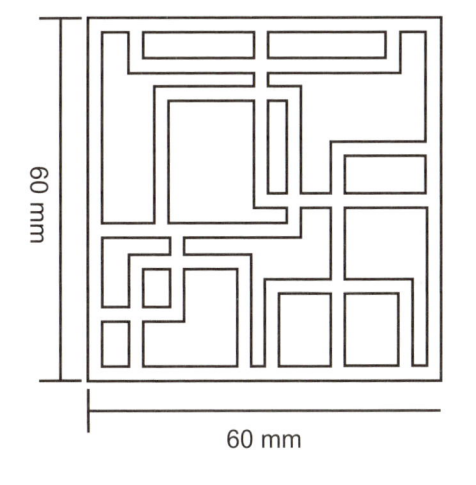

窗與稜

請將附錄影印並剪下黏貼在金屬材進行操作。

- 鋸弓垂直向下。
- 鋸齒向外向下。
- 手指頭遠離工作區正前方。
- 鋸的位置在鋸線外側，不要在鋸線上。
- 每條線條寬度皆為 2.5 mm。

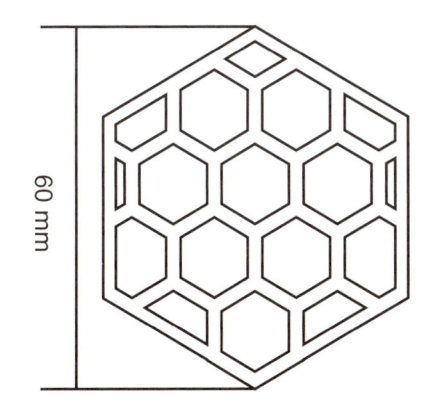

蜂、縫

請將附錄影印並剪下黏貼在金屬材進行操作。

- 鋸弓垂直向下。
- 鋸齒向外向下。
- 手指頭遠離工作區正前方。
- 鋸的位置在鋸線外側，不要在鋸線上。
- 每條線條寬度皆為 2.5 mm。

創意實作 ▶ 基礎金屬工藝

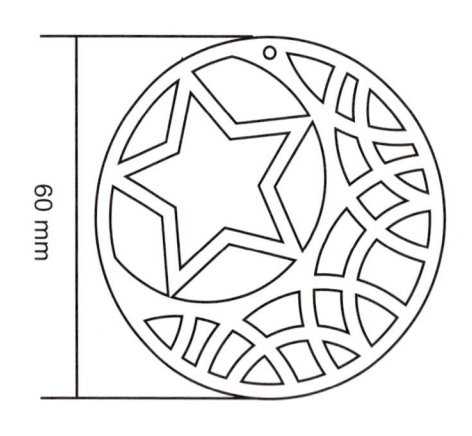

雲中星月

請將附錄影印並剪下黏貼在金屬材進行操作。
- 鋸弓垂直向下。
- 鋸齒向外向下。
- 手指頭遠離工作區正前方。
- 鋸的位置在鋸線外側，不要在鋸線上。
- 每條線條寬度皆為 2.5 mm。

陽之塔頂

請將附錄影印並剪下黏貼在金屬材進行操作。
- 鋸弓垂直向下。
- 鋸齒向外向下。
- 手指頭遠離工作區正前方。
- 鋸的位置在鋸線外側，不要在鋸線上。
- 每條線條寬度皆為 2.5 mm。

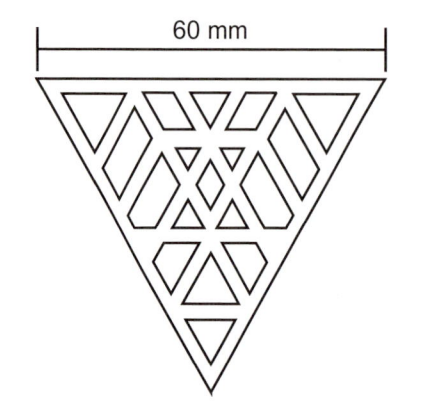

錐與角

請將附錄影印並剪下黏貼在金屬材進行操作。
- 鋸弓垂直向下。
- 鋸齒向外向下。
- 手指頭遠離工作區正前方。
- 鋸的位置在鋸線外側，不要在鋸線上。
- 每條線條寬度皆為 2.5 mm。

4.4　拋光與銼工

（圖4-45，拋光與銼工作品欣賞，楊彩玲提供）

一、銼刀

是經過硬化處理過的鋼製工具，其型式與尺寸，各式各樣，圖4-46 所示。

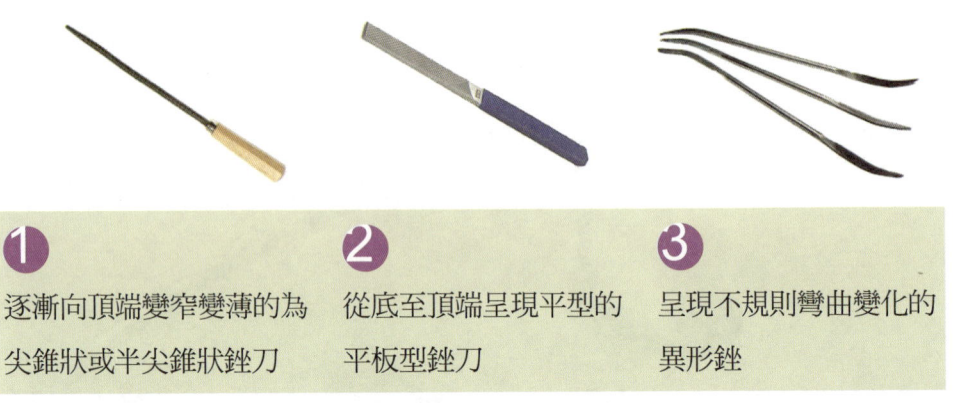

❶ 逐漸向頂端變窄變薄的為尖錐狀或半尖錐狀銼刀

❷ 從底至頂端呈現平型的平板型銼刀

❸ 呈現不規則彎曲變化的異形銼

（圖4-46，銼刀，楊彩玲提供）

二、銼刀的分類

1. 依粗細分

在一般五金工具用與珠寶金工中用的銼刀不盡相同，一般的銼刀是直接以銼刀齒鋸的粗細來區分，分為五類；而精細的珠寶金工銼刀系統則是用編號來區分，每種尺寸的編號其齒紋數也不同。

2. 依形狀分

銼刀的剖面形狀不同，大致上可分為以下幾種。

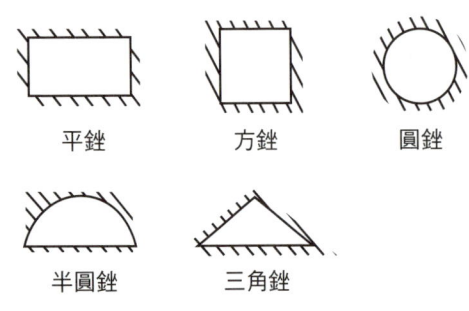

平銼　　方銼　　圓銼

半圓銼　　三角銼

銼刀粗細種類	每英吋鋸齒數
超粗銼	14～22
粗銼	22～32
中粗銼	32～42
細銼	50～70
超細銼	70～120

（圖4-47，銼刀的剖面形狀，楊彩玲提供）

3. 精細的珠寶金工銼刀分類依其長短及狀態分為兩類：

◆ **手銼**：6～8英寸以上的銼刀稱為手銼（不包含插入木柄的尖錐部分），此種銼刀因為沒有把手，所以需要加裝木製或塑膠把手，以便操作。

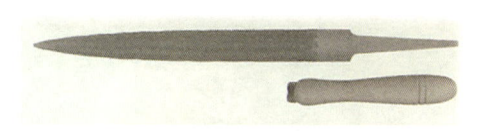

（圖4-48，手銼，楊彩玲提供）

◆ **針銼**：銼身與把手一體成型的銼刀稱為針銼。此類銼刀是以號碼來標示其粗細，從最粗的00號～最細的6號；而一般修形的工作則大部分使用1或2號銼刀。

三、銼刀的使用

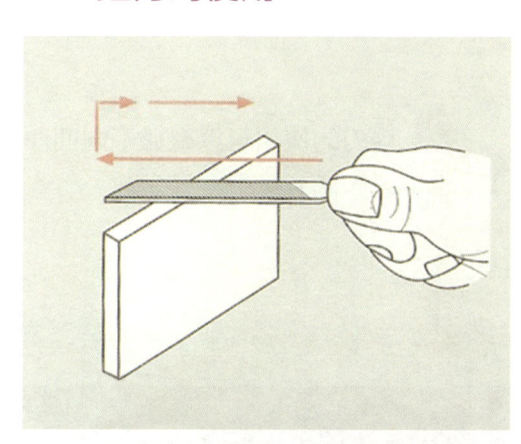

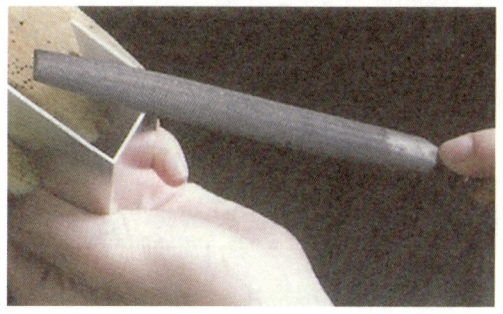

❶ 由於銼刀齒紋的設計是向前方才有銼修力，故使用銼刀時應施用適當的力量，向前平穩推進，拉回時稍微提起銼刀，以避免摩擦。

> 💡 **貼心小提醒**
>
> 銼修時，若只集中使用銼刀的某部分齒紋，會造成此部分的齒紋過快磨損，形成整支銼刀銳利度不均衡的現象，在銼修拉回時施力，亦會造成齒紋過快磨損。
>
> 口訣：向前不向後

❷ 銼修物件時，請端坐於工作桌前，用手將物件穩固的夾握住並靠在銼橋上進行銼修。

創意實作 ▶ 基礎金屬工藝

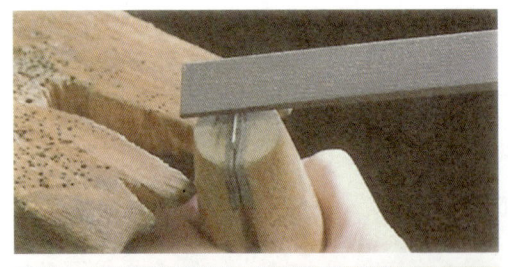

❸ 若手汗較多或物件較小而握不住金屬時，可用其他輔助工具，例如戒指夾。

❹ 若要銼修較大物件時，可使用較為穩固的萬力夾來固定金屬材，通常採用站姿，工作物大約置在手肘處高度為佳。

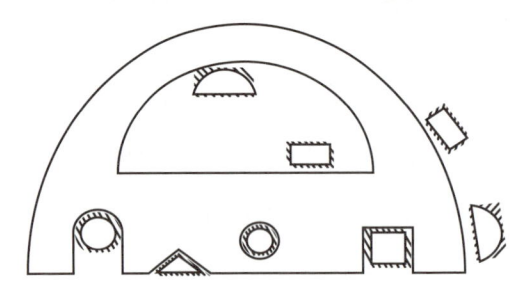

❺ 銼刀的使用可以根據不同曲面而使用不同形狀的銼刀。

（圖4-49，銼刀的使用，楊彩玲提供）

四、銼刀的保養與保存

❶ 使用銅刷順著齒紋方向（45°角）將碎屑刷除。

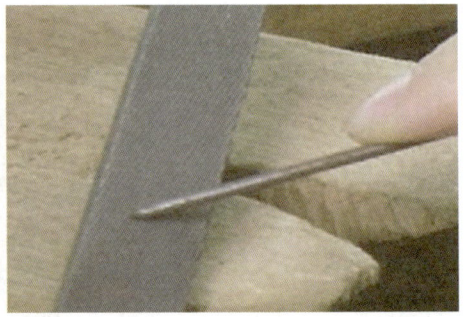

❷ 仍有頑固而無法刷除的碎屑，可用尖細的金屬針挑除。

4-40

③ 使用黃銅片的邊緣,順著齒紋方向刮除碎屑。

> **貼心小提醒**
> 銼刀請分開放置,以免銼刀相互碰撞摩擦,造成損壞,可購買或自行製作袋子收納。

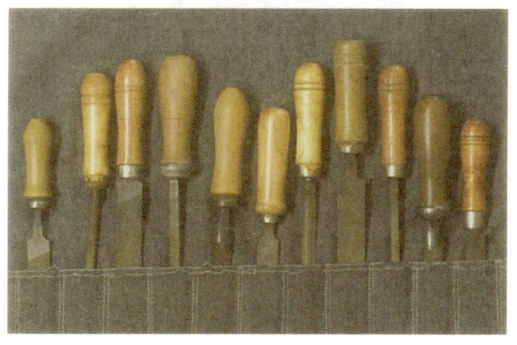

(圖4-50,銼刀的保養與保存,楊彩玲提供)

五、砂紙

(圖4-51,砂紙,楊彩玲提供)

一般市面上可買到的砂紙主要是以燧石製成,以背面的數號來表示粗細,數號越大砂紙越細緻;號數越小則越粗糙。

課堂上會使用到的砂紙數號為 #120、#240、#400、#600、#800、#1200

創意實作 ▶ 基礎金屬工藝

六、砂紙的裁切與保存

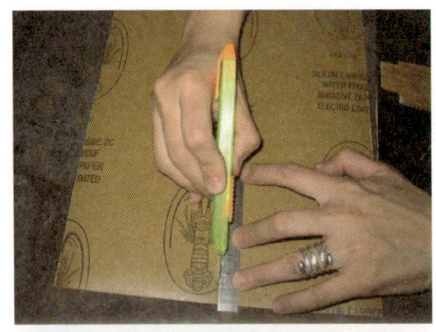

❶ 先在砂紙上量好要裁切的尺寸後,再用美工刀裁切(請注意砂紙粗糙面會傷到刀鋒,所以只可裁切牛皮紙面,非砂面,且不須用力裁切,輕輕劃過即可)。

❷ 劃過刀痕後,用對折的方式,即可分離完成。

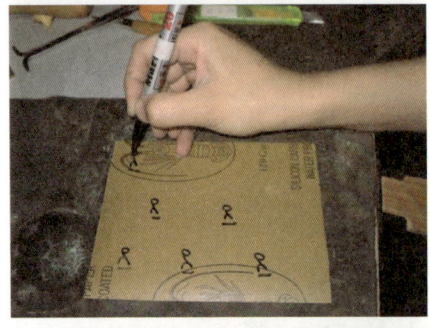

❸ 在砂紙背面空白處寫上號數,避免裁切後沒有號數可對照(多寫也無妨)。

❹ 使用完畢後請依號數大小排列收好,以便下次使用。

(圖4-52,銼刀的使用,楊彩玲提供)

七、砂輪機

（圖4-53，砂輪機，楊彩玲提供）

　　砂輪機通常一邊為研磨輪，用於磨銼；一邊為拋光布輪用於拋光，研磨輪有不同尺寸與粗細之分，使用時施力與輪轉的速度都須適中，進行研磨時，可用水作為潤滑劑，為避免打磨過程中產生的高溫使金屬材發熱喪失韌度，須適時地將其浸入冷水中，降溫後再繼續打磨；拋光布輪則是用於拋光時使用有棉布輪、羊毛輪等多種材質，拋光時需搭配研磨劑使用，研磨劑亦有粗細之分，在台灣則以「青土」一種取代。

💡 **貼心小提醒**

拋光布輪長久使用之後，會沾黏，拋光能力也下降，需用耙子鬆開，可用刮魚鱗的耙子或類似的器具。

（圖4-54，拋光布輪，楊彩玲提供）

4-43

創意實作 ▶ 基礎金屬工藝

八、青土

　　一般金屬鏡面拋光研磨使用，適用於銅、鎳合金、鋅合金之表面處理，大理石、玉器、貝殼類等均可（不可用於木頭上，油脂會卡在木材毛細孔中）。

（圖4-55，青土，楊彩玲提供）

九、拋光

❶
將拋光機具拿出並固定於桌面（若布輪尚未梳開請事先梳開）。

❷
將砂輪機開啟，塗抹上適量青土，準備拋光。

4-44

（圖4-56，拋光，楊彩玲提供）

貼心小提醒
1. 由於砂輪機轉速很高，所以在拿金屬時，請盡量使用兩手拿取，如此操作起來較穩。
2. 金屬置入的角度約為45度向下。
3. 在旁準備退溫用的水杯，金屬溫度過高時可丟入。
4. 不可戴手套操作，留有長髮者必須紮好，以避免被馬達捲入造成意外。

❸
將要拋光的金屬如示意圖中45度角向下的方式置入砂輪機，進行拋光。

十、拋光後清洗

❶
拋光後，拿出中性清潔劑，取適量於作品上。

❷
用手輕輕搓洗，若有較難清洗的部分可使用牙刷清洗。

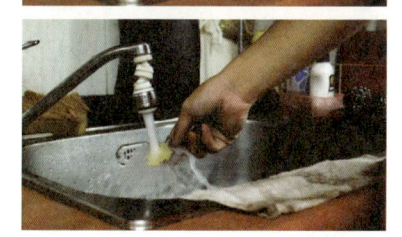

❸
再來將作品用清水沖洗，最後再用紙巾擦拭即可。

（圖4-57，拋光後清洗，楊彩玲提供）

十一、技法練習作業

- 將上次製作的旋轉黃銅進行修邊與拋光
- 完成以上步驟時,即可旋開黃銅

十二、進階練習作業

- 使用金屬:黃銅。
- 準備工具:鋸弓、鋸絲、砂紙、銼橋。
- 橢圓與菱形為 40 mm×30 mm,其他尺寸皆為 40 mm×40 mm。
- 鋸切完後拋光即可。

4.5　鉚接與染色

（圖4-58，鉚接與染色作品欣賞，楊彩玲提供）

一、鉚接

　　鉚接是不經過焊接或膠合處理的物理性接合方式，廣泛地稱之為冷接法。常見的冷接法處理方式有鉚釘、螺絲、插銷、爪釦等技術。冷接法非常適用於結合金屬與非金屬材料，或是使用於有特殊設計、結構等需求的物件上。另外，現代首飾材質趨向多元化，一些工業用金屬（例如鈦金屬、不鏽鋼、鋁金屬等）也漸漸被運用至珠寶首飾，因為這些金屬較難以工藝技法的焊接結合，因此冷接法可說是當代首飾重要的技法之一。

（圖4-59，鉚接方式的作品，楊彩玲提供）

(一) 鉚接的製作技術

　　切割兩塊或以上的平板，可以是大小、厚度、材質不同的平板。如果是在非金屬上使用鉚釘，需考慮不同材質兩面可以承受的壓力。

（圖4-60，鉚接的製作技術，楊彩玲提供）

4-48

◆ 鉚接前需注意之處：

1. 金屬內面越平整越好。
2. 鑽頭、鉚釘的準備。所使用的金屬線必須完全吻合鑽頭所鑽出的洞。
3. 打洞鑽孔。精確的孔洞，在鉚釘的過程中是必須的。
4. 銼修或以刮刀刮除鑽孔所造成的毛邊。
5. 鉚合之前，質感、顏色……等等處理，應都已經完成。

(二) 鉚接的分類

1. 死鉚

能夠將兩種材質或其他材料相鉚的技法緊密固定住，是最為常見的鉚接技法。

2. 活鉚

是將兩種板材與想活動的零件相鉚的技法，與死鉚不同之處為夾在其中的零件可活動。

3. 管鉚

利用管材將兩種板材相鉚的技法，與前面兩者不同的地方在於管材中間為空心狀，可作為裝飾或可將其他線材穿過作為其他用途。

（圖4-61，鉚接的分類，楊彩玲提供）

4-49

(三) 鉚接工具

1. 小方鎚
直接用來敲打鉚接位置的線材。

2. 圓衝頭
用來敲打管鉚的圓管，敲製時要使用槌子敲打衝頭平面處。

3. 小方鑽
進行鉚接敲製時，須將方鑽墊在底下，讓敲製更加順利，因為一般木製桌面不夠堅硬，會在桌面形成凹洞。

（圖4-62，鉚接工具，楊彩玲提供）

（圖4-63，鉚接作品，楊彩玲提供）

（圖4-64，鉚接作品，楊彩玲提供） 　　（圖4-65，鉚接作品，楊彩玲提供）

(四)鉚接技法(死鉚)

❶ 先在需要鉚釘的位置鑽孔。

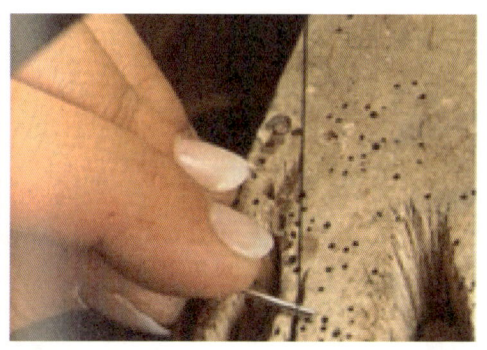

❷ 根據所要鉚的金屬厚度上下各加 0.5 mm 左右,鋸下銅線。

❸ 將鋸下的銅線塞入鑽好的孔。

❹ 在方鑽上用鐵鎚反覆翻面來回輕敲。

> 💡 **貼心小提醒**
> 可先從粗線 2 mm 練習起。

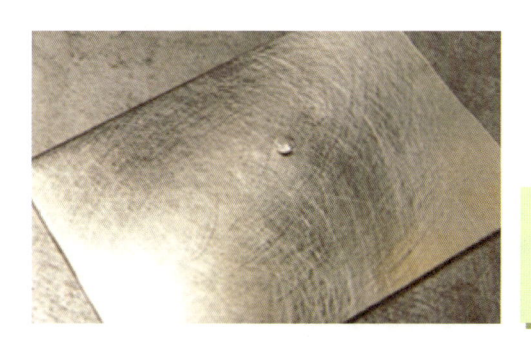

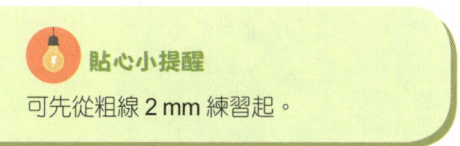

(圖4-66,鉚接技法(死鉚),楊彩玲提供)

創意實作 ▶ 基礎金屬工藝

(五) 鉚接技法 (活鉚)

❶ 拿起第一件要活鉚的零件與厚紙張，以銅線穿過。

❷ 再將第二件零件穿過，即完成活鉚前置工作。

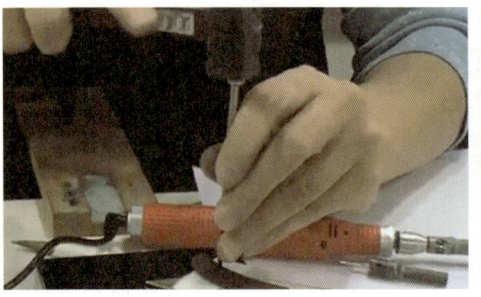

❸ 將其置於方鑽上以鐵鎚反覆翻面來回輕敲，敲打結束後，將作品放入水中，使夾在其中的紙張被泡軟。

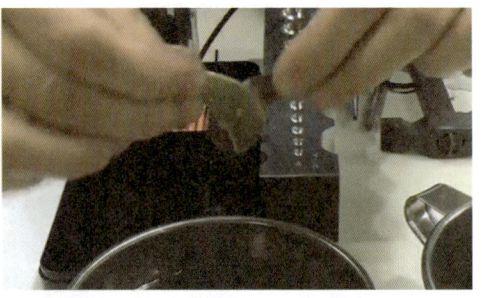

❹ 經過數分鐘後，即可取出並耐心地將紙張清除乾淨，即完成活鉚。

💡 貼心小提醒
1. 建議以黃銅線進行活鉚，因黃銅線較硬。
2. 夾在中間層的厚紙可依自己需求自行選擇厚薄度。
3. 若夾在中間的紙張太厚導致銅線不夠長，請立即更換長度足夠的銅線。

(圖4-67，鉚接技法(活鉚)，楊彩玲提供)

二、技法練習作業

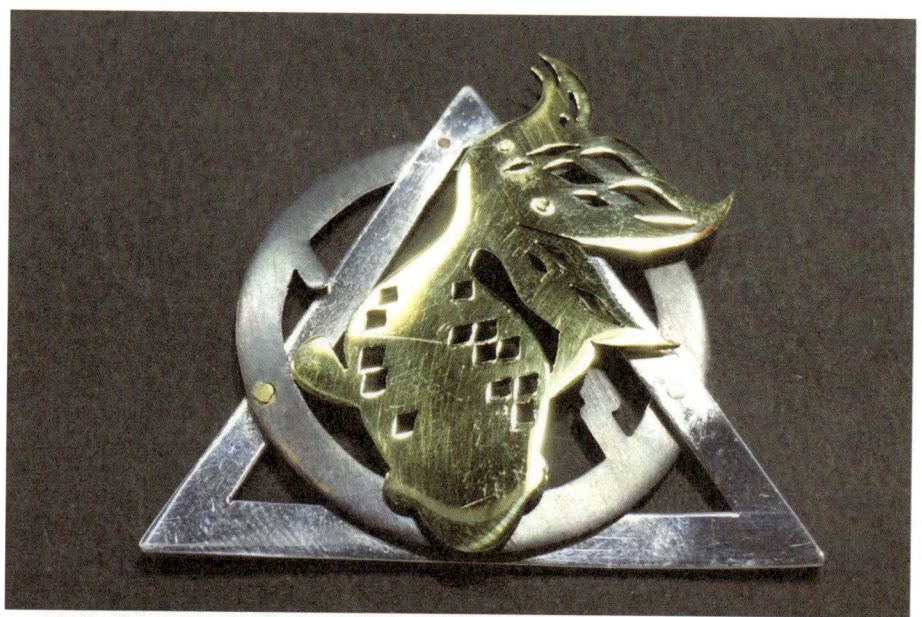

（圖4-68，鉚接技法作品欣賞，楊彩玲提供）

創意實作 ▶ 基礎金屬工藝

胸章．吊飾製作

霜、角

請將附錄影印並剪下黏貼在金屬材進行操作

- 鋸弓垂直向下
- 鋸齒向外向下
- 手指頭遠離工作區正前方
- 鋸的位置在鋸線外側，不要在鋸線上
- 每條線條寬度皆為 2.5 mm
- 若要製成胸章需加鉚最下方的圓型
- 鉚釘位置可自行加選

完成示意圖

4-54

窗中梅

請將附錄影印並剪下黏貼在金屬材進行操作

鋸弓垂直向下

鋸齒向外向下

- 手指頭遠離工作區正前方
- 鋸的位置在鋸線外側，不要在鋸線上
- 每條線條寬度皆為 2.5 mm
- 若要製成胸章需加鉚最下方的圓型
- 鉚釘位置可自行加選
- 尺寸皆以 60 mm×60 mm 大小鋸切

完成示意圖

4-55

創意實作 ▶ 基礎金屬工藝

蝶，眼

請將附錄影印並剪下黏貼在金屬材進行操作

- 鋸弓垂直向下
- 鋸齒向外向下
- 手指頭遠離工作區正前方
- 鋸的位置在鋸線外側，不要在鋸線上
- 每條線條寬度皆為 2.5 mm
- 若要製成胸章需加鉚最下方的圓型
- 鉚釘位置可自行加選
- 尺寸皆以 60 mm×60 mm 大小鋸切

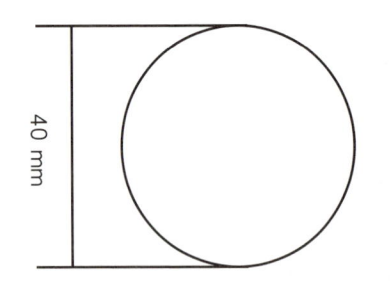

40 mm

完成示意圖

4-56

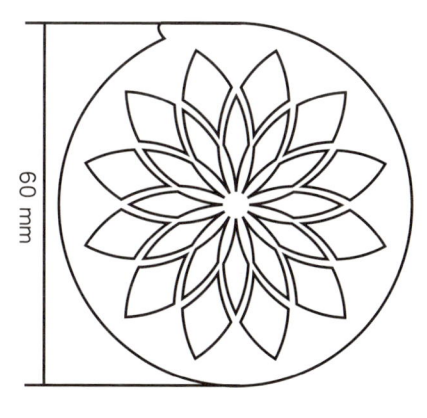

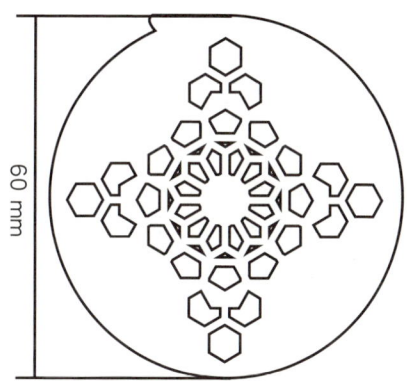

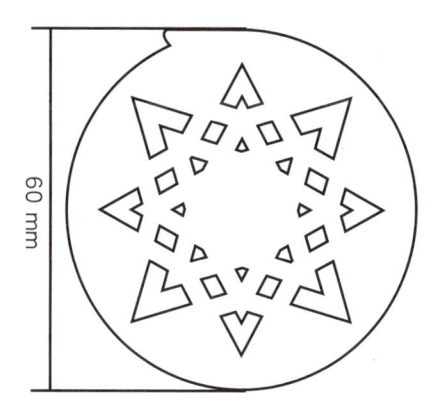

旋轉窗花

請將附錄影印並剪下黏貼在金屬材進行操作

- 鋸弓垂直向下
- 鋸齒向外向下
- 手指頭遠離工作區正前方
- 鋸的位置在鋸線外側，不要在鋸線上
- 每條線條寬度皆為 2.5 mm
- 鉚釘位置於正中心（活鉚）

完成示意圖

三、染色

（圖4-69，染色作品欣賞，楊彩玲提供）

(一) 何謂染色

當金屬與不同的藥劑接觸後會產生不同的顏色，像這樣的技術我們可以稱之為金屬化學染色技法。以這種方式來染色的金屬以銅及銅合金的顏色變化最多，銀其次，而黃金是耐酸鹼並且很穩定的金屬，較難使用此種技術來製造色

澤變化。一般對化學染色的印象大多侷限在銅的銅綠色，其實它的顏色範圍非常廣，利用不同的金屬、表面質感狀態、藥劑配方、接觸方式及時間長短便能產生不同的結果。最簡單又安全的染劑是硫磺劑。

（圖4-70，金屬化學染色，楊彩玲提供）

(二) 染色用具

（圖4-71，金屬化學染色，楊彩玲提供）

4-59

創意實作 ▶ 基礎金屬工藝

消耗品	共用工具
1. 硫磺（溶液或濃縮液）	2. 塑膠盒、清水盆（鋼製） 3. 抹布 4. 銅刷 5. 牙刷 6. 洗碗精 7. 菜瓜布 8. # 600 砂紙

(三) 染色的作法

❶ 將紅銅泡入硫磺溶液中幾秒，再將其拿起。

❷ 刷洗後放入水中清洗，即完成。

❸ 拿起後使用銅刷，進行刷洗。

貼心小提醒
1. 可依自己對顏色的喜好程度重複浸泡於溶液與刷洗（硫磺溶液的濃度也會影響變黑的速率）。
2. 在調製硫磺溶液時，使用熱水，染色速度會較快。

（圖4-72，染色的作法，楊彩玲提供）

四、技法練習作業

名牌染色

1. 將之前作業的名牌帶來進行染色
2. 在進行染色之前，先用 #600 砂紙再磨過一遍並清洗乾淨

（紅銅外表容易氧化，會使染劑不易作用）

楊彩玲

60 mm

30 mm

五、完成作品欣賞

（圖4-73，作品欣賞，楊彩玲提供）

4.6 作品賞析

（圖4-74，作品欣賞，楊彩玲提供）

（圖4-75，作品欣賞，楊彩玲提供）

創意實作 ▶ 基礎金屬工藝

（圖4-76，作品欣賞，楊彩玲提供）

（圖4-77，設計者：林奕宏）

（圖4-78，設計者：陳怡璇）

（圖4-79，設計者：依婉烏瑪）

（圖4-80，設計者：顏承亭）

（圖4-81，設計者：張文渝）

（圖4-82，邱婕妤）

創意實作 ▶ 基礎金屬工藝

（圖4-83，設計者：謝淑媛）

（圖4-84，設計者：曾雅苹）

（圖4-85，設計者：黃宗帝）

（圖4-86，設計者：顏承亭）

（圖4-87，設計者：謝俊龍）

（圖4-88，設計者：劉彥汝）

（圖4-89，設計者：簡珮婕）

（圖4-90，設計者：李珍惠）

（圖4-91，設計者：李珍惠）

4-67

創意實作 ▶ 基礎金屬工藝

（圖4-92，設計者：許如萱）

（圖4-93，設計者：廖志程）

（圖4-94，設計者：王柔勻）

（圖4-95，設計者：陳學正）

（圖4-96，設計者：陳奕文）　　　　　　（圖4-97，設計者：陳奕文）

（圖4-98，設計者：陳思安）　　　　　　（圖4-99，設計者：謝俊龍）

（圖4-100，設計者：陳奕文）

創意實作 ▶ 基礎金屬工藝

（圖4-101，作品欣賞，楊彩玲提供）

（圖4-102，作品欣賞，楊彩玲提供）

創意實作 ▶ 基礎金屬工藝

（圖4-103，作品欣賞，楊彩玲提供）

4-72

養成做筆記的習慣，把生活上觀察的小事情記錄下來！
創意也跟著來囉～

養成做筆記的習慣，把生活上觀察的小事情記錄下來！
創意也跟著來囉～

養成做筆記的習慣，把生活上觀察的小事情記錄下來！
創意也跟著來囉～

國家圖書館出版品預行編目資料

創意實作─Maker 具備的 9 種技能 ④：基礎金屬工藝 / 楊彩玲編．
-- 1 版．-- 臺北市：臺灣東華, 2018.01

88 面；17x23 公分

ISBN 978-957-483-921-6　（第 1 冊：平裝）
ISBN 978-957-483-922-3　（第 2 冊：平裝）
ISBN 978-957-483-923-0　（第 3 冊：平裝）
ISBN 978-957-483-924-7　（第 4 冊：平裝）
ISBN 978-957-483-925-4　（第 5 冊：平裝）
ISBN 978-957-483-926-1　（第 6 冊：平裝）
ISBN 978-957-483-927-8　（第 7 冊：平裝）
ISBN 978-957-483-928-5　（第 8 冊：平裝）
ISBN 978-957-483-929-2　（第 9 冊：平裝）
ISBN 978-957-483-930-8　（全一冊：平裝）

創意實作─Maker 具備的 9 種技能 ④
基礎金屬工藝

編　　者	楊彩玲
發 行 人	陳錦煌
出 版 者	臺灣東華書局股份有限公司
地　　址	臺北市重慶南路一段一四七號三樓
電　　話	(02) 2311-4027
傳　　真	(02) 2311-6615
劃撥帳號	00064813
網　　址	www.tunghua.com.tw
讀者服務	service@tunghua.com.tw
門　　市	臺北市重慶南路一段一四七號一樓
電　　話	(02) 2371-9320
出版日期	2018 年 1 月 1 版 1 刷

ISBN　　978-957-483-924-7

版權所有 ‧ 翻印必究